客戶資本

以兩岸專家觀點看中國企業以客戶為中心的
增長策略

CLIENT CAPITAL

客戶是存量市場中一切增長的錨定點

從策略路徑、商業模式、管理機制三角
全方位構建以客戶價值驅動的增長邏輯
在不確定性中找到企業成長的新路徑

鍾思騏，王賽 著

【兩位頂級國際化策略顧問的雙劍合一之作】
附贈超大「客戶旅程地圖」，全面呈現客戶與企業的全流程關係

目 錄

推薦語

推薦序一　從大國到強國

推薦序二　客戶始終是企業存在的理由

前言　不確定性下的增長底線

第一部分　客戶資本三角 —— 企業為何而戰

　　032　第一章　增長、韌性與客戶資本
　　052　第二章　界定客戶使命
　　070　第三章　定義客戶目標

第二部分　客戶資本三角路徑層 —— 如何實現

　　084　第四章　客戶旅程分析與規劃
　　103　第五章　客戶策略的契合路徑

第三部分　客戶資本三角模式層 —— 如何升級

- 130　第六章　客戶模式重構
- 149　第七章　以客戶資本進行業務擴張

第四部分　客戶資本三角機制層 —— 如何保障

- 164　第八章　客戶管理機制
- 183　第九章　文化滲透能力

附錄一　客戶價值管理 FRIENDS 模型

附錄二　客戶價值與增長理論全覽圖

後記　為什麼會有這本書

推薦語

菲利普・科特勒（Philip Kotler）

現代市場行銷學之父，科特勒諮詢集團（KMG）首席顧問

以客戶價值驅動的增長才是良性增長，而客戶資產作為策略的觀念在市場行銷中已探討多年。《客戶資本》的作者基於多年的第一線企業實踐經驗，真知灼見地告訴我們「以客戶為中心」如何落實。

奚愷元

長江商學院傑出院長講席教授，長江商學院DBA學術主任

《客戶資本》的作者們結合多年諮詢經驗，提出了「客戶資本三角」模型，為企業提供了從路徑層、模式層到機制層的全方位增長邏輯，值得每一位企業家和學者深入研讀！

推薦語

中村晉一良

倍樂生（Benesse）中國區董事長

毫無疑問，過去幾年市場發生了許多重要的變化，且未來還將進一步加速，企業將面臨不斷變革的壓力。正因如此，企業經營需要回歸核心價值，以指明企業成長方向，不斷更新。《客戶資本》為經營者未來業務和品牌的指導提供了重要建議，它不僅停留在理論和思考方法上，而且提供了如何實施到企業組織營運中的具體觀點，可以說是未來企業營運中必備的操作守則。

陳朝益

英特爾中國區創始總裁

我走在「人才資本」這個小巷裡已經有多年了，總認為這是企業發展的唯一命脈，當我看到這本《客戶資本》時，我豁然開朗，看見了一道光。特別是現今企業在面對經營的挑戰時，客戶的畫像不再清晰，多元動態複雜，還有不確定的外在環境。人工智慧（AI）來得正是時候，它可以快速幫助我們勾畫出客戶畫像。那麼接下來如何判斷並建立策略使其快速落實呢？這本書提供了及時專業的幫助，三角架構就是最理想的答案。在從「人才資本」邁入「客戶資本」時，這本書就是那一道指路的光，幫助企業邁上另一個臺階！

陳志宇

麥德龍董事會顧問

　　繁榮時代成長起來的企業往往在存量競爭的市場環境中舉步維艱，歸根結柢是因為企業的文化組織和制度通常在最佳化供給端的規模，而不是最佳化對需求端的回應效率。企業的管理者們往往發現「以客戶為中心」的美好意願成了掛在牆上的一句空洞的口號，組織中了解市場和客戶趨勢的中階幹部寥寥無幾，決策過程中缺乏代表客戶利益的內部部門參與，績效考評中甚至沒有衡量客戶滿意的指標。《客戶資本》是一本寫給管理者的參考書，作者基於大量轉型期企業的實戰經驗，總結了如何讓企業重新獲得客戶視角並把「客戶第一」的理念透過機制貫徹落實到企業的每一個微小的操作細節，在存量環境下在對客戶的競爭中搶占先機。

吳光權

中航國際集團前董事長、CEO，深圳工業總會會長，中國工業經濟聯合會主席團主席

　　這本書是王賽博士繼《增長五線》之後的又一力作，他和鍾總從客戶資本的角度切入，告訴我們：只有客戶介面的增長才是真增長、好增長，這是今天全球大變局時代所有企業都面臨的問題。潮水過後，才知誰在裸泳。客戶價值的增長永恆。

推薦語

侯孝海

**中航國際集團前董事長、CEO，深圳工業總會會長，
中國工業經濟聯合會主席團主席**

　　《客戶資本》是對企業如何在現代商業環境中生存和發展的一次全面審視。作為一本深刻洞察企業增長策略的力作，它提供了一種新的增長邏輯，不僅闡述了客戶資本的重要性，還提供了實現這一目標的具體路徑和方法。對於任何希望在競爭激烈的市場中保持領先地位的企業來說，這本書是必讀之作。

林昭憲

碧桂園前首席策略官

　　企業的成功不在於短期的盈利，而在於長期的客戶價值創造。《客戶資本》以「客戶資本三角」為框架，為企業指明了實現「良性利潤」和永續增長的道路，是企業家和管理者不可多得的策略參考。本書的作者鍾思騏、王賽有豐富的產業和策略顧問經驗，提供了把策略目標轉化成為策略路徑，並且進一步落實到經營舉措的系統性錦囊妙計。

蔣青雲

復旦大學管理學院教授，上海市市場學會會長

從客戶資源到客戶資產，從客戶關係到客戶共創，行銷理論和實踐正在以前所未有的速度重整和疊代，令人目不暇接。讀到鍾思騏和王賽先生的新著，我的思緒又被點了一下，感覺權威學者洛斯特（Rust）的「顧客資產管理策略三角形」理論模型終於有了更結合行銷實踐、更具操作性的策略底座，值得隆重推薦！

景奉傑

**華東理工大學商學院行銷科學研究所所長，
中國高等院校市場學研究會副會長兼教學委員會主任、執委會 CEO**

企業的成功不在於短期的盈利，經營策略也不在於針對消費者人性弱點的花式行銷，而在於長期的客戶差異化價值的創造。《客戶資本》以「客戶資本」為框架，為企業指明了實現長期增長的良性經營之路，是企業家和管理者不可多得的策略參考。

推薦語

鍾承東

國際使用者經驗專業協會（UXPA）中國區主席，
益普索使用者經驗研究院院長

在當今這個快速變化卻存在各種不確定性的商業環境中，企業如何實現持續增長並保持競爭力，已成為每一位管理者和決策者必須面對的問題。《客戶資本》為我們提供了一個全新的視角和實用的框架。

三角形往往是最穩定的結構。本書深刻闡述了客戶資本的重要性，並創新性地提出了「客戶資本三角」模型，涵蓋了客戶留存、客戶潛力和客戶口碑這三個關鍵維度。透過這一模型，本書不僅為我們揭示了企業如何在存量市場中尋找增長的新路徑，而且還提供了一套系統化的方法論，幫助企業從策略規劃到執行落實，從而實現客戶價值永續且穩定的增長。

特別值得一提的是，書中對客戶體驗管理的深入分析，強調了以客戶為中心的重要性，並提供了如何透過精細化管理來提升客戶體驗的具體策略。無論是對於初創企業還是成熟企業，這些策略都具有極高的實用價值。

強烈推薦《客戶資本》給所有希望在內部競爭激烈的時代下謀求增長並希望破局的企業領導者。本書不僅引發思考，更能指導實踐，幫助你建構一個以客戶為中心的增長策略，實現「好體驗好商業」的穩步發展。

周宏騏

新加坡國立大學商學院商業模式與市場行銷兼任教授

《客戶資本》透過「客戶資本」概念,在存量市場競爭日益激烈的今天,為企業提供了實現最大化客戶終身價值(LTV)的具體路徑和方法,是企業家和管理者不可多得的實用指南。

鄒宇峰

中國科大科技商學院管理委員會委員、教務長

商業的核心是客戶的創造,而客戶能夠作為一種增長的資本,在今天不僅觸及企業的策略理論、行銷理念,還是企業金融理論在不斷探索的重要問題。王賽博士和他的合作者為業界深入思考這些問題給出了方向。

段要輝

OPPO 中國區總裁

面臨後疫情時代和地緣政治等多重挑戰,企業如何保持韌性增長?《客戶資本》給出了答案。兩位頂級諮詢顧問(都擔任過 OPPO 策略顧問)結合多年策略諮詢經驗,提出了以客戶為中心的增長策略,為企業提供了在不確定性中尋求增長的新思路。

推薦語

曹虎

科特勒諮詢集團中國與新加坡區 CEO

兩位頂級國際化的策略諮詢顧問的雙劍合璧之作。客戶導向的策略是科特勒行銷的核心基座之一,兩位顧問在此基座上建構出以客戶資本為中心的增長模式,而客戶資本三角又建立在大量的諮詢實踐之上,非常值得 CEO 一讀。

常開創

藝龍酒店總裁,錦江集團中國區前 CEO

增長底線不僅是對過去中國經濟跌宕起伏的回顧,更是對未來增長模式的深刻洞察。書中提出的「客戶資本三角」模型,為企業提供了從路徑層、模式層到機制層的全方位增長邏輯,值得每一位企業家和學者深入研讀。

蔣昀

一手電商創始人、CEO

當我們認真觀察那些穿越週期的偉大公司有什麼不同時,你會發現它們在賽道選擇、商業模式、策略、管理風格、公司文化上可能各不相同,但有一點近乎一致,那就是「瘋狂地堅持以客戶為中心」。他們都有超越利潤的追求,而

一切指向都是客戶更加受益，確保商業增長建立在客戶價值的基礎上。《客戶資本》不僅闡述了客戶資本的重要性，還提供了實現這一目標的具體路徑和方法，對所有希望企業健康增長、基業長青的企業家和管理者來說，這是一本難得的指南！

羅忠生

富士康科技集團前資深副總，夏普中國區 CEO，
中興通訊副總裁

近年來，「以客戶為中心」成為很多企業經營理念的基本出發點，並在經營組織設計上採用了角色協同分工的「鐵三角」模型，以期提供良好的客戶服務。但隨著企業的不斷發展，企業的重心在不斷變化，最後變成以自我為中心，離客戶越來越遠，「以客戶為中心」變成了空中樓閣。

如何把「以客戶為中心」的經營理念真正落到實處？本書的兩位策略諮詢顧問做了深入研究，在業內率先提出「客戶資本」的概念，用三個關鍵的客戶價值層面（客戶留存價值、客戶潛力價值和客戶口碑價值）來衡量客戶價值，以確保商業增長建立在客戶價值的基礎上。同時在此基礎上建立了「客戶資本三角」模型，幫助企業建立起「以客戶為中心落地的全景圖」——一個系統化、科學化的客戶價值評估與管

理體系,使「以客戶為中心」的策略真正應用,協助企業有計畫地實現「良性利潤」的增長管理,從客戶價值層面重構「鐵三角」。這本書是企業家、管理者、經營者必讀的實用指南。

鄒欣

弗雷斯特(Forrester)中國區前負責人

《客戶資本》這本書不僅是對企業增長策略的深刻剖析,更是一本實踐指南,能幫助企業在市場競爭中保持韌性,透過精細化管理實現良性利潤增長。增長底線不僅是對過去中國經濟跌宕起伏的回顧,更是對未來增長模式的深刻洞察。

魏立華

HelloTalk 天創進創始人、CEO

《客戶資本》是和企業家的一次情感共鳴。真正的成功不僅僅是數字的增長,更是與客戶建立的深厚關係和企業文化的傳承。這也是 HelloTalk 在行動網路領域基本無投放下良性增長到全球最大跨文化語言社交網路的增長準則。

徐佳盈

中國平安消費者權益保護部總經理

　　在客戶經濟時代，如何成功吸引新客戶並保持老客戶的忠誠，實現企業價值與客戶價值的雙贏，從而在激烈的競爭中脫穎而出，成為現代企業面臨的重大課題。《客戶資本》從如何實現到如何升級到如何保障，循序且全面地建構了一套客戶資本價值模型，為企業的長續發展提供了新視角。

孫來春

林清軒創始人、董事長

　　以客戶為中心是反人性的，因為無論是個人還是組織，都會朝「以自己為中心」的方向發展，王賽老師和鍾總的新書《客戶資本》以獨特的視角闡述和引領「以客戶為中心」的理念如何在企業應用，警醒我們每一個創業者，時刻謹記「為客戶創造價值」才是品牌存在的唯一理由。

推薦語

推薦序一　從大國到強國

　　10年前我第一次進入大中華區，我感覺自己踏進了充滿無限可能的未來之門。中國的經濟社會發展實在令人欣喜，伴隨著行動網路、雲端運算、大數據等新一代資訊科技的萌芽與發展，中國企業建構起令人眼花撩亂的商業模式，創造出無數發展的機會和可能。這些科技深刻地改變著中國大小企業的管理模式與策略布局，以驚人的速度創造了如阿里巴巴、騰訊、美團、字節跳動等市值超過千億美元的企業。

　　在這個飛速發展的數位化浪潮中，許多企業爭相投入先進的技術和龐大的資料資源。但在快速應對外部環境變化的同時，很多企業卻往往忽視了最根本的客戶需求，或企業賴以生存的核心價值，在「本末倒置」的情況下，導致許多資源錯配，進入「內部競爭激烈」的負向循環，反而阻礙企業的長期發展。

　　在經歷了疫情的衝擊後，全球經濟格局發生了深刻的變化。全球經濟增速減慢，大環境趨於保守，外部增長動力不足，中國企業的圖景也隨之變化。這種轉變讓中國企業面臨著與曾經的日本企業相似的存量市場的挑戰。

　　在當前的競爭格局下，中國企業正站在一個十字路口上。對管理者而言，這是用來思考「快」與「慢」的問題的一

推薦序一　從大國到強國

個很好的時間點,而日本的經驗對當下的中國有著重要的借鑑意義。日本近年來的經濟發展,經常被媒體貼上「失去的 30 年」的標籤。自 1990 年房地產泡沫破裂後,日本再也沒有經歷過一定規模的快速增長期,這種慢速的存量市場對日本企業的打擊是極大的,企業和個人都需要付出極大的努力艱難求存。然而,恰恰是這樣的整體環境,給予了日本企業專注自身品質,鑽研核心價值的機會。

記得 2000 年我剛創立倍比拓的時候,初衷正是想要改變公司只注重財務數字而忽視客戶感受的狀況,從而打造一個充滿億萬個微笑的幸福社會 (create one trillion smiles),這也是我建立倍比拓的終極目標。讓那些真正為客戶創造價值的企業能夠長遠地發展,因為我相信,只有重視忠誠客戶並注重長期利益的企業,才更具備穿越週期、永續增長的能力。

日本是全球擁有百年企業最多的國家,據經濟學家後藤俊夫的統計資料,日本有 25,321 家超過百年歷史的企業,位居世界第一,其中,有 147 家企業擁有超過 500 年的歷史,甚至有 21 家企業擁有超過千年的歷史。日本壽司之神——小野二郎先生之所以被封神,就是因為他展現出了一種對產品精益求精的匠人態度,以及對細節的極致追求:老先生親手捏出的每一貫[01]壽司,醋飯的誤差從不會超過 4 粒米。日

---

[01] 一貫:壽司的計量單位,舊稱「丁」,不同店家對一貫的解讀不同,有時是一個,有時是兩個,沒有統一標準。——編者注

本企業這樣的追求並不僅僅停留在壽司製作上，這種對客戶核心價值的深度追求，貫穿了許多企業的經營理念，為日本孕育出百年不衰的企業精神。

本書的作者之一鍾思騏先生，是倍比拓在大中華區的初始以及核心團隊成員，他本次與王賽博士構思的客戶資本三角架構，能夠直擊企業保有持續競爭力的核心問題，站在公司整體的角度來審視客戶價值，結合具體的企業管理方式與方法，幫助企業審視自身的增長品質。在激烈競爭的存量市場環境下，這本書透過深入的研究和豐富的案例，探討如何將「以客戶為中心」的理念融入企業的 DNA 中，實現持續增長和長期競爭優勢。

在當前從大國走向強國的歷史節點，我認為眼下正是許多中國企業重塑新一波競爭格局的機會，抓住形勢，認真思考「快」與「慢」的問題。因此，我推薦這本書給所有希望深化對客戶價值的理解的企業領導者和管理者，以及渴望在競爭激烈的市場中立於不敗之地的企業。這本書將為你提供獨特的思考路徑和實踐指南，幫助你打造一個真正以客戶為中心的企業，讓企業從「量變」到「質變」，在未來的發展中獲得持續的成功！

遠藤直紀

倍比拓社長

推薦序一　從大國到強國

推薦序二
客戶始終是企業存在的理由

華帝股份有限公司（以下簡稱「華帝」）最早成立於1992年，專注於廚電領域，是中國第一家廚電上市企業（2004年）。三十多年來，華帝致力於成為全球高品質廚房空間的引領者，「客戶至上」是我們企業核心價值觀之首，我們一直圍繞客戶發展技術和產品創新。隨著時代的列車飛馳前進，科技日新月異，人們的生活方式也在與時俱進，我們發現，以前的產品思維已經不能適應現在這個時代，如何科學化地感知和掌握客戶價值，在客戶層面尋找新的價值突破，是一個新的命題。基於這樣的情況，我們找到了倍比拓團隊。這家機構在客戶體驗管理體系建設方面是行業標竿。

2023年，我第一次見到倍比拓的鍾思騏顧問和他的團隊，他對「客戶」、「使用者」的專門研究和洞察讓我十分欽佩，他的觀點和敝公司「客戶至上」的核心價值觀高度一致。我記得當時我們足足談了三個多小時，過程非常愉快。他對客戶價值創造、客戶體驗的研究非常透澈，對本質問題的分析有獨特的見解，我們在這些問題的觀點上有強烈的共鳴。

那次會面堅定了我要與他合作，為華帝全面建立起科學

推薦序二　客戶始終是企業存在的理由

化的客戶體驗管理體系的決心。2024 年初，我們合作的專案啟動，專案實施過程中為我的團隊帶來了很多新的認知。我們利用鍾思騏顧問提出的「客戶旅程地圖」工具，深入系統地整理了客戶與我們的每一個接觸點。以前我們做決策的依據，主要來自於市場資料、行業做法、經驗甚至直覺，價值鏈上的各部門看待問題角度、評價標準通常缺乏一致性。透過這個專案，把大家拉到一個統一的視角——「客戶」視角，深入理解客戶需求和體驗，用科學的方法來思考解決問題的策略和方案，這對於華帝實現以客戶為中心、促進高品質增長具有非常重要的意義。

我和鍾思騏顧問經常暢聊客戶價值的一些話題，因此我也有幸能比廣大讀者優先閱讀到《客戶資本》這部作品。結合我經營企業數十年的經歷，下面我分享一下看完這本書後的體會：

首先，在存量市場競爭日益激烈的今天，如何最大化客戶的終身價值成為企業關注的焦點。這本書透過「客戶資本」的概念，幫助企業理解客戶資本的重要性，並對企業如何在現代商業環境中生存和發展做了一次全面的重新審視。

其次，書中深刻洞察了企業增長策略，定義了一種新的增長邏輯，並為企業提供了實現增長目標的具體路徑和方法，讓我們對如何在不確定性中尋找增長的確定性有了更深

的感悟。所以，這本書具有很高的實用性和可操作性，是企業家和管理者不可多得的實用工作指南。

最後，這本書道出了每一個企業家內心深處的呼喚，它提醒我們，無論企業規模是大還是小，客戶始終是我們存在的理由。《客戶資本》是對這一真理的深刻闡釋。

三言兩語無法詮釋這部專門研究客戶價值創造多年的專家的力作。我推薦各位企業家、管理者、客戶研究人員深入閱讀本書，我相信你會從中收穫拓寬視野、啟迪思考的觀點和理念。也衷心祝願各位讀者朋友能將這份收穫應用到實踐中，為企業創造更大的價值。

潘葉江

華帝股份有限公司董事長兼總裁

推薦序二　客戶始終是企業存在的理由

前言　不確定性下的增長底線

過去 30 多年，中國經濟發展大幕拉起，突飛猛進。

筆者剛進入諮詢行業時，中國企業剛接觸到西方的管理模式：相較於過去打「游擊戰」的發展思路，許多企業開始著眼「科學」的策略規劃，將品牌定位、財務預測、流程標準等融入中長期業務藍圖之中，利用關鍵績效指標（Key Performance Indicator，KPI）、目標與關鍵成果法（Objective and Key Results，OKR）、企業資源計畫（Enterprise Resource Planning，ERP）等工具幫助自身建立更專業的管理架構。

隨著網際網路的蓬勃發展，中國國內商業市場進入數位化、平臺化、生態化的黃金 10 年，商業競爭也由連鎖大廠蘇寧和國美的「美蘇爭霸」，轉變成阿里與京東的「貓狗大戰」、奇虎 360 與騰訊之間的「3Q 大戰」、五千多家團購企業之間的「千團大戰」，以及網約車、共享經濟、O2O 等一系列不勝列舉的商業模式創新……這段時期誕生了許多大家耳熟能詳的網際網路「龍頭」，中國企業也在數位化過程上高歌猛進，為全球企業的創新發展提供了正規化和參考。

2020 年後，疫情、地緣政治、經濟結構的調整，傳統的增長旋律戛然而止，5% 或更低的整體增長預計將成為「經濟

新常態」。美團創始人王興2019年曾說過,「2019可能會是過去十年最差的一年,但卻是未來十年最好的一年」。2022年,紅杉投資以及獨角獸孵化器YC在對內部投資企業未來的經營提出建議時,也不約而同提及自我造血的重要性和做好儲糧過冬的準備。

對多數中國企業而言,現今面對的商業環境是陌生的,從增長到韌性,再到韌性增長,是企業不可迴避的問題。幸運的是,管理不是玄學,很多企業逐漸掌握了其中的規律:微軟近年來因為ChatGPT的爆紅而重新進入大眾的視野焦點,但微軟CEO薩蒂亞‧納德拉(Satya Nadella)在談及微軟脫離「失落的十年」的關鍵實則是「忘掉策略,做對客戶最好的事」——以客戶為中心進行創新,才是微軟重新找到動能的底層邏輯。

中國國內領先的企業亦然。華為終端事業群CEO余承東曾多次表示,華為成功的祕訣不是KPI,而是淨推薦值(Net Promoter Score,NPS);京東創始人劉強東也多次強調零售業務要回歸客戶體驗;阿里巴巴董事會主席蔡崇信在接受挪威主權財富基金CEO尼古拉‧坦根(Nicolai Tangen)專訪時,更是直言過去幾年阿里落後競爭對手的原因就在於忘記了真正的客戶是誰。客戶是存量市場中一切增長的錨定點:存量增長的商業邏輯應該是透過口碑獲得新客戶,提升老客戶的留存率,以及提升單客戶的購買數量,以最大化每一個

客戶的終身價值（LTV）。

根據筆者過去的諮詢經驗，多數企業早已具備了「以客戶為中心」的思想，但在企業的實際運作中，這種思想往往是一個抽象且難以衡量的概念，猶如沙漠中的「海市蜃樓」。如何將「以客戶為中心」的理想與既有的財務目標、管理體系結合，成為企業管理層需要認真回答的第一道問題。

近年來，學術界出現了大量對客戶行為和心理進行探索的研究，並將相關成果逐漸運用在商業實踐中：2002年的諾貝爾經濟學獎得主丹尼爾·康納曼（Daniel Kahneman，1934-2024）提出「峰終定律」（Peak-End Rule），指導企業如何關注客戶體驗的關鍵點；2017年的諾貝爾經濟學獎得主理查·塞勒（Richard Thaler）提出「選擇極端化」（Choice Architecture）的概念，幫助企業透過改變選擇環境以引導客戶，從而增強客戶關係和創造商業價值。在前人的基礎上，筆者與《增長五線》作者王賽博士從企業管理的視角出發，把符合客戶利益所貢獻的良性利潤稱為「客戶資本」（Customer Capital），以客戶資本來衡量企業商業行為所創造的客戶價值，並以此為框架指導企業實現「以客戶為中心」的增長。

根據客戶資本的概念，本書提出了「客戶資本三角」模型，透過路徑層、模式層、機制層三個策略角，幫助企業建立體系化的增長邏輯：

前言　不確定性下的增長底線

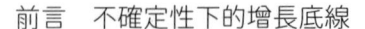

　　模型的起點是客戶使命和客戶目標。我們認為，企業應當先明確自身為什麼存在，即明確客戶使命，再科學化地將客戶使命轉變為客戶目標體系，以指引企業的業務規劃與資源配置。

　　在路徑層，利用客戶旅程地圖工具，企業能夠擁有「客戶視角」，可以進一步理解自身現狀，並在此基礎上進行客戶全旅程經營與價值滲入。此外，利用不同的客戶策略路徑，可以使現況與目標有效契合，形成策略選項，以指導企業的資源規劃。

　　進入模式層，隨著客戶價值的增長，企業又可以透過改變現有客戶的對價關係，創造第二增長曲線，以進一步深化客戶價值。

　　為了保障「客戶資本」的落實，針對最後的機制層，我們提出要從流程機制、管理模式、數位化能力等環節對客戶價值進行統籌性的規劃，以「剛性」的舉措來引導企業行為。同時，企業也應當將「以客戶為中心」的文化融入到企業血脈當中，形成慣性，成為真正的「客戶企業」。

　　企業從「做大」到「做強」的過程中，管理的心態與方法需要改變。中國企業家兼投資人段永平曾對「企業經營」有一段精闢的見解：經營的本質就是消費者導向，賺錢是果不是因。「客戶導向」指的是企業在做產品決策的時候，總是

基於產品最終的消費者體驗來考慮。而注重消費者體驗的企業，往往會把眼光放得更加長遠，出「偉大產品」的機率會大很多。

增長是企業永恆的議題，面對外部環境的不確定性，企業需要找到的是穿越週期的增長底線，建立增長的路徑，再從過程中實現商業模式的突破，改變增長的曲線。

最後，十分感謝王賽博士和倍比拓（beBit）同事的共同參與，以及山頂視角的出版人王留全先生的策劃與支持，讓本書有機會把「以客戶為中心」的企業經營管理的理念體系化地呈現給各位讀者。

面對客戶，讓我們再謙卑一次。

鍾思騏

前言　不確定性下的增長底線

第一部分

客戶資本三角
——企業為何而戰

第一部分　客戶資本三角
——企業為何而戰

第一章　增長、韌性與客戶資本

如果要從過去 5 年企業界年度熱門關鍵字中選一個最熱門的，它一定是「增長」——這個詞大量出現在全球企業界的高峰會主題、頂尖商學院的論壇以及企業的策略規劃與經營會議中。從 2017 年開始，微軟的管理層就在用「重新整理」（Refresh）的方式重塑增長，米其林單獨成立創新投資部門來孵化新的增長點，亞馬遜在電商平臺的基礎上建立雲端服務增長飛輪，華為率先布局 5G 領域並在全球擴張，字元跳動從網際網路資訊流產品開始擴張到電商甚至生活服務領域。總之，增長議題成為近年來諸多國際知名企業策略或者行銷的核心，成為解決企業發展問題的入口。正如寶潔的前 CEO 羅伯特·麥克唐納（Bob McDonald）強調的：「對企業來講，增長是第一要務。」

而今天，增長似乎又遇到了瓶頸：2020 年以來新冠肺炎疫情反覆、全球經濟格局變化、投資保護主義抬頭等多種因素交織，世界經濟增速顯著放緩。2019 年底爆發的疫情是人類百年難遇的流行病災難 [02]，3 年間已致使全球 6 億多人感染並奪去了 600 萬條以上的生命，同時導致世界經濟於 2020

---

[02] 比爾蓋茲（Bill Gates）在個人部落格蓋茲筆記（Gates Notes，2020-02-29）中曾提及：新冠肺炎可能成為百年不遇的大流行病。

第一章　增長、韌性與客戶資本

年陷入「大蕭條」以來最嚴重的衰退。疫情下商品與人員流動在各國受到了不同程度的阻礙，使得供給面生產活動受限，原材料成本亦不斷攀升，而需求面大多數消費者需求下降，於是諸多企業宣稱要「去尋找流失的客戶」；2021 年的經濟復甦勢頭又受到 2022 年以來國際地緣政治變化的影響——俄烏衝突、全球通貨膨脹與美元升息導致經濟再次失速，經濟的復甦力度如何仍為不確定狀態，但可以判斷的是，全球 GDP 增長今後將在一條更為低速的軌道上運行。

在諸多經濟學家看來，未來經濟增長放緩已成大機率事件，放緩的背後更讓人焦慮的在於不確定性。而當下企業家圈子裡最流行的話是——如何從不確定性中找到確定性，企業界都想盡快穿越這個黑暗週期。關於不確定性，有很多相關的概念，比如黑天鵝、灰犀牛，現在又有一個提法叫做「瘋狗浪」[03]，它們描述的全都是不確定性。關於對形勢的判斷，2022 年有兩個特別重要的文件在網路上流傳，一個是紅杉資本的內部 PPT，另一個是獨角獸孵化器 YC 給內部投資企業的祕信，我們將它們總結為五點：

(1) 經濟的復甦不會是「V」形反彈，而會經歷長期修復。
(2) 不計代價追求增長的時代已經過去，市場變得更加關心確定性。

---

[03]「瘋狗浪」是一種強烈的海浪現象，它威力強大，能夠輕易地摧毀船隻。儘管它的規模較小，死亡人數較少，但由於其突發性和猛烈性，其破壞力依然不可忽視。這裡所說的「瘋狗浪」是指類似於「黑天鵝」和「灰犀牛」的風險事件。

第一部分　客戶資本三角
　　　　——企業為何而戰

(3) 企業想學會賺錢，要有強大的現金流能力。以前企業可以先想辦法把自己變得值錢，比如諸多網路公司，先燒錢，燒出客戶與護城河，後去講賺錢的故事。但是今天，不賺錢、沒有明確盈利模式的增長是有問題的。

(4) 資本最大的變化，是過去所謂「正常的融資環境」已不復存在，現在的資本是昂貴的，不管企業融資能力有多強，要假設未來 24 個月無法獲得融資。

(5) 估值系統的變化：2022 年年中，那斯達克指數經歷 20 年來歷史上第三大回撤[04]。有 61% 的軟體公司、網路公司、金融公司的價值低於 2020 年疫情前[05]。但是另一方面，擁抱 ESG（環境、社會和公司治理）[06]、AIGC（生成式人工智慧）的企業獲得追捧，這是一個增長價值的調整，要求企業具備快速應對的能力，並及時做出調整。

外部世界的高度不確定性為企業增長帶來了嚴峻挑戰，正是在這種環境之下，企業界開始討論另一個話題——「韌性」，即如何保持公司韌性，從而在高壓下增長成為企業增長策略的核心。IBM 大中華區 CEO 包卓藍（Alain Benichou）

---

[04] 以月為單位。
[05] 見紅杉資本對其投資組合公司所發出〈適應與忍耐〉一文。
[06] ESG 是英文 Environmental（環境）、Social（社會）和 Governance（公司治理）的縮寫，是一種關注企業環境、社會、公司治理績效的投資理念和企業評價標準。這種理念主張，企業在追求經濟利益的同時，也應該考慮其對環境、社會的影響，以及公司治理的合理性。ESG 投資起源於社會責任投資，是衡量企業可持續經營能力的一種指標。

第一章　增長、韌性與客戶資本

不無擔憂地指出：「我認為世界正處於一個新達爾文時刻，適者生存，就像 800 公尺賽跑一樣，你既要有爆發力，又要有韌性，才能夠堅持下來。」韌性公司指的是能夠扛住各種風險和不確定性影響的公司，它們能比競爭對手更快從困境中復原。

從增長到韌性，再到韌性增長，我們討論的目標亦可稱為「企業的可持續競爭力」，因為缺乏競爭優勢的增長，只能叫做無效擴張，為增長而增長，是癌細胞般的增長之道。我們需要回歸到健康的增長模式。本書作者之一的王賽博士在其著作《增長五線：數位化時代的企業增長地圖》當中提出過一個增長公式：

企業增長區＝整體經濟增長紅利＋產業增長紅利＋模式增長紅利＋營運增長紅利 [07]

依照這個公式，由於經濟整體增長速度放緩，在構成企業增長區的四大要素中，前兩大驅動要素開始放緩甚至負向增長，那麼，幾乎所有企業的增長重心和注意力，都應該從外部「經濟增長紅利」轉到企業內部的「企業增長能力」。在外部增長驅動的時代，企業投入大量資源在找機會，選擇風口，是否具備可持續的競爭力不是企業和資本市場的焦點；浪潮過後，企業是否具備內生增長能力已成為偉大企業和平

---

[07] 王賽：《增長五線：數位化時代的企業增長地圖》，中信出版集團 2018 年版，前言 XV 頁。

第一部分　客戶資本三角
——企業為何而戰

庸公司的分水嶺與斷層線，誰在沒穿內褲裸泳一目了然。但是我們還可以進一步追問：企業內生增長能力的核心錨點應該在哪裡？

穿越週期的偉大企業

美國諮詢機構創新洞察管理顧問公司（Innosight）發表的 2021 年美國企業存續預測報告顯示，標普 500 上市公司的存續時間從 1970 年代末預測的 30 到 35 年，明顯下降到過去 10 年間預測的 10 到 15 年；而達特茅斯學院（Dartmouth College）教授維傑·高文達拉簡（Vijay Govindarajan）與安納普·斯里瓦斯塔瓦（Anup Srivastava）先前對 1960 年到 2009 年在美國上市的全部 29,688 家公司進行研究後，也得出了類似的結論：1970 年以前上市的公司中，92% 能撐過上市後的前 5 年；而 2000 年到 2009 年上市的公司中，上市 5 年後的存活率僅剩 63%[08]。反觀中國情況亦然，根據 2013 年中國國家工商總局發表的一份《全國內資企業生存時間分析報告》中總結中國國內企業的情況顯示，在近 5 年（2008-2012）內全中國累計退出市場的企業達 394 萬家，平均壽命 6.09 年；從退出企業的壽命情況看，壽命在 1 年以內的最多，占退出企業總量的 13.7%；其次是壽命 2 年的企業，占 13.5%；壽命

---

[08] 該資料已剔除網路泡沫和 2008 年美國經濟衰退的影響。

在5年以內的占59.1%。儘管距離這份報告的發表已過去多年，但該報告呈現的是中國經濟處於雙位數高速上升週期中的資料，恐怕如今形勢的嚴峻性更勝以往。因此，企業安全穿越經濟週期並不是一個大機率的事件。

在充滿不確定性的時代，企業內生增長能力的核心錨點應該在哪裡？對於這個問題，也許每個管理者都有自己與眾不同的答案，但如果我們回歸到企業經營的底層邏輯，現代管理學之父彼得·杜拉克（Peter F. Drucker）曾說過：客戶是企業生存和發展的基礎，失去了客戶，企業就失去了生存的條件；客戶想要買的是什麼，他認為有價值的是什麼，對企業才有重要的意義；客戶決定了成就企業的元素——企業生產什麼、企業是否會興盛起來。這也就是「客戶第一」的思想，只有當你為客戶提供有價值的東西，他才會為此買單。管理諮詢大師瑞姆·夏蘭（Ram Charan）也曾提出，只有回歸到客戶的增長才是真正的增長。過去我們看到的垂直擴張、業務多角化、併購，都必須以客戶為基礎，否則增長將會成為幻覺。

「股神」華倫·巴菲特（Warren E. Buffett）在價值投資的過程中也持有類似的態度。巴菲特多次強調，企業的永續競爭力來自企業需要知道自己能為客戶做什麼，日復一日地去滿足客戶的需求，才能建立起企業的護城河。他的搭檔兼摯友查理·蒙格（Charlie Munger，1924-2023）畢生都在踐行更貼

第一部分　客戶資本三角
　　　　　——企業為何而戰

近市場和客戶的信仰，他外出工作永遠選坐公共航空的經濟艙，而不是私人飛機，其中最關鍵的理由是他希望自己一輩子都不脫離平凡生活，能更好地觀察與理解這個世界，以保持敏銳的投資嗅覺。

　　內布拉斯加家具賣場（Nebraska Furniture Mart）是波克夏·海瑟威（Berkshire Hathaway）公司 1 早期對價值實踐的例證之一。家具行業裡雖然充斥著諸多規模龐大的龍頭，但它們的銷售表現尚不如一家成立於 1937 年、位於美國中西部的區域連鎖家具零售商 —— 內布拉斯加家具賣場。它的單店年銷售額達 2.75 億美元，高於大家耳熟能詳的 IKE) 等知名家居零售商。這家受到巴菲特盛讚的公司，其總部就在巴菲特的家鄉 —— 內布拉斯加州的奧馬哈。華倫·巴菲特曾在 1983 年的致股東信中提及：「我寧願和大灰熊摔跤，也不願和布太太家族（內布拉斯加家具賣場的主人）競爭，他們的經營費用低到其競爭對手想都想不到的程度，然後再將所省下的每一分錢回饋給客人，這是一家理想中的企業，建立在為客戶創造價值並轉化為對所有者的經濟利益的基礎上。」1983 年，巴菲特以 5,500 萬美元收購了內布拉斯加家具賣場 90% 的股分；2021 年，這家賣場的年收入由原本的 1 億美元上升到了 11 億美元；直到現在，每天晚上，內布拉斯加家具賣場會進行商品標價的更新，在對美國 18 家領先零售商超過 3.9 萬個庫存單位的所有產品價格進行檢索後，調整自己的標價，保證

顧客從他們這裡購買產品享受的是最優惠的價格。

中國企業家兼投資人段永平曾對「企業經營」有一段精闢的見解：經營的本質就是消費者導向，賺錢是果不是因，「客戶導向」指的是企業在做產品決策的時候，總是基於產品最終的消費者體驗來考慮，注重消費者體驗的公司則往往會把眼光放得長遠些，出「偉大產品」的機率會大很多。縱觀古今，許多偉大企業背後的經營底層邏輯都是樸實的，不論從策略還是投資的視角，企業可持續競爭力的關鍵落腳點都是客戶。因此，企業內生增長能力的核心錨點已顯而易見：透過精細化管理去競爭客戶、贏得市場占有率的能力。

良性利潤

近年來，「以客戶為中心」成為商業界的流行語，許多管理者也的確將它作為企業經營的重要信條。然而，從筆者過去多年的企業諮詢經驗來看，對大多數企業而言，「以客戶為中心」仍是空中樓閣，更多的是一種精神性的象徵和一個抽象且難以衡量的概念，能夠像亞馬遜的傑夫‧貝佐斯（Jeff Bezos）、美捷步（Zappos）的謝家華、京東的劉強東、亞朵的王海軍等企業家那樣將這個理念融會貫通到企業經營中的卻是鳳毛麟角。

明朝的理學大師王陽明曾說：「大道至簡，知易行難，知

第一部分　客戶資本三角
　　　　　——企業為何而戰

行合一,得到功成。」其中的「知行合一」是企業「以客戶為中心」能成功施行的關鍵。從管理學的角度而言,如果不能衡量,就無法管理。為了更好地具體化並闡釋「以客戶為中心」的理念,本書融合了中外關於客戶價值研究的文獻以及筆者多年的企業服務經驗,提出了「客戶資本」的概念——我們認為,企業的增長來源有兩種:良性利潤（Good Profits）和惡性利潤（Bad Profits）。良性利潤為企業所提供的產品與服務符合客戶價值所獲取的收入,代表具有品質且永續的增長;而透過流量購買或是經由企業巧妙「設計」所獲得的銷售,即使達到了短期目標,但無法沉澱為長期的增長動能,這就是惡性利潤。「客戶資本」可以用來評估企業良性利潤的表現——企業永續增長的競爭力。

為了系統性地評估並管理良性利潤,我們將客戶資本拆解成三個關鍵的客戶價值層面（3R）:

客戶留存（Retention）價值:企業增長的首要基礎在於企業不流失既有客戶的能力。客戶留存價值主要是指在一段時期內既有客戶回購所創造的收入,反映企業的產品與服務是否能為既有客戶創造足夠的價值,是企業能保持增長的基礎;如果客戶留存價值過低,就像希臘神話中推巨石上山的薛西弗斯一般,不論企業如何努力,都可能面對徒勞無功的經營結果。不同產品類型企業的客戶留存價值計算週期不同,訂閱制（Subscription）模式週期較短,可能是以月或季為

單位，耐久財則跟產品更換與更新週期緊密相連，消費電子產品平均週期在 1 至 3 年，家電產品可能高達 5 至 7 年，甚至更長。

客戶潛力（Ramp-up）價值：在客戶留存價值的基礎上，企業需要進一步評估客戶的潛力價值。客戶潛力價值衡量的是一段時期內，既有客戶因交叉購買所創造的新增消費。客戶潛力價值進一步反映了既有客戶對企業依存與喜好的強度，以判斷企業是否擁有足夠的黏性來有效擴大既有客戶的錢包占比。有人做過一項粗略的計算：面向老客戶進行交叉銷售的成功率是向新客戶推銷的 3 倍以上。因此，企業需要有效掌握客戶潛力價值來驅動企業增長。

客戶口碑（Referral）價值：客戶口碑價值是指企業因為既有客戶「推薦」而獲得的收入，用來評估企業永續造「新血」的能力。以網路行業為例，在流量紅利逐漸退去的背景下，電商平臺的獲客成本也不斷飆升。2022 年 3 月億歐智庫公布的資料顯示，阿里巴巴 2021 財年獲客成本為人民幣 477 元，相比 2020 財年提升近 2 倍，達到四年來的最高點，而拼多多獲客成本為人民幣 578 元，京東為人民幣 384 元，均處於歷史高位。[09] 在存量的市場環境下，未來新客的獲客難度很可能有增無減，企業需要有效分析並管理流量的來源——更多是來自既有客戶推薦所創造的自然流量（Organic

---

[09] 億歐智庫：《2022 中國私域流量管理研究報告》。

第一部分　客戶資本三角
　　　　——企業為何而戰

Traffic），而不是來自因付費而獲取的行銷流量（Paid Traffic）——確保創造「新血」的永續性，而不至於陷入傳統行銷的增長陷阱中。

綜上，如果用公式來表示，即：

客戶資本＝客戶留存價值＋客戶潛力價值＋客戶口碑價值

客戶資本構成如圖 1-1 所示。

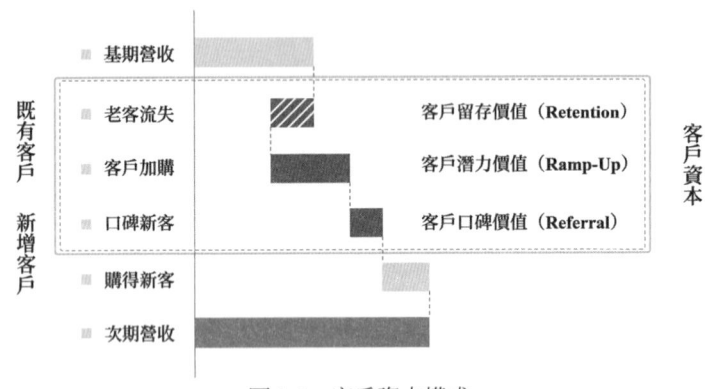

```
既有客戶      基期營收
              老客流失 ──── 客戶留存價值（Retention）     客戶資本
              客戶加購 ──── 客戶潛力價值（Ramp-Up）
新增客戶      口碑新客 ──── 客戶口碑價值（Referral）
              購得新客
              次期營收
```

圖 1-1　客戶資本構成

客戶資本除了有助於企業經營與增長的管理外，還能進一步協助企業與資本市場進行有效溝通。美國諮詢公司 Watermark Consulting 對美國上市公司在資本市場的表現進行分析後得出結論，擅長客戶體驗價值經營的企業，其 13 年（2007-2019）中的累計資本報酬率較大盤指數（標準普爾 500 指數）高出將近 108%，相較不重視客戶體驗的企業高出 3.4

第一章　增長、韌性與客戶資本

倍，如圖 1-2 所示。淨推薦值之父佛瑞德・瑞克赫爾德（Fred Reichheld）的研究也獲得了類似的結果，他將最受客戶喜愛的公司的資本市場表現做成了一個加權指數「佛瑞德指數」（FREDSI），並追蹤該指數在 2011 至 2020 年的表現，結果顯示，佛瑞德指數的增長幅度是大盤的 2.8 倍。[10]

累積總收益（2007—2019）

- 客戶體驗落後者　90%
- 標準普爾 500 指數　199.6%
- 客戶體驗領先者　307.3%

圖 1-2　客戶體驗表現與資本市場報酬

究其原因，資本市場除了關注財務數字的絕對表現外，更重要的是聚焦數字背後的「品質」。如圖 1-3 所示，傳統財務資料本身與客戶資本的側重點有所不同，相較於客戶資本，財務資料更多以利潤為導向，呈現的是當期經營的成果。客戶資本更多是呈現客戶價值與影響客戶價值的相關指標，對企業未來的增長能力有一定的預測能力。

---

[10] 資料來源：https://www.netpromotersystem.com/about/how-net-promoter-score-relates-to-growth/。

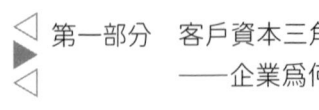

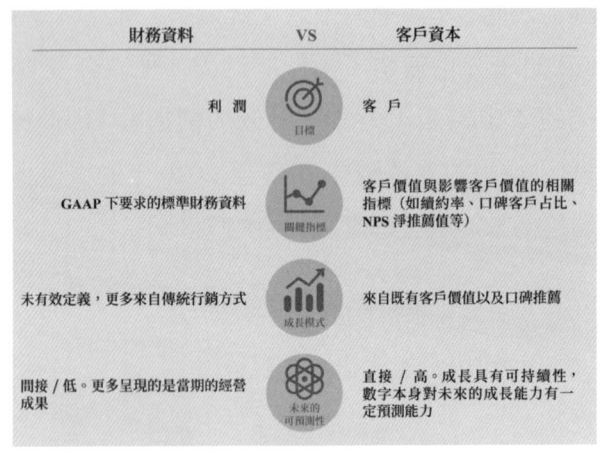

第一部分　客戶資本三角
——企業為何而戰

財務資料	VS	客戶資本
利潤	目標	客戶
GAAP 下要求的標準財務資料	關鍵指標	客戶價值與影響客戶價值的相關指標（如續約率、口碑客戶占比、NPS 淨推薦值等）
未有效定義，更多來自傳統行銷方式	成長模式	來自既有客戶價值以及口碑推薦
間接／低。更多呈現的是當期的經營成果	未來的可預測性	直接／高。成長具有可持續性，數字本身對未來的成長能力有一定預測能力

圖 1-3　財務資料 vs 客戶資本

近年來，各大知名企業陸續公開了與客戶價值相關的資料：亞馬遜在 2016 年的年度股東函中初次披露了 Prime 付費會員的數量，全球 Prime 會員人數超越 1 億，這是亞馬遜官方第一次披露 Prime 使用者數；平安集團從 2016 年年報開始發表個人客戶價值經營的成果，包含客戶遷徙、客均合約數的資訊；招商銀行於 2018 年將零售金融的「北極星」指標從 AUM（資產管理規模）切換為 MAU（月活躍使用者人數），並持續追蹤該指標的表現；科大訊飛則在 2021 年公開其產品 AI 學習機的 NPS 指數（淨推薦值指數）。這些資料均進一步向資本市場表達了財務數字背後優質的「客戶價值」及其潛力。

本書提出客戶資本的目的並非建立一個複雜的計算邏輯，而是希望透過科學化、系統性的定義，將客戶價值顯性

化，以時刻提醒管理階層應對良性利潤保持一定的敏感性，在企業經營的過程中要確保可持續、高品質的增長。客戶資本並非衡量良性利潤的唯一指標，隨著不同行業的側重點、企業業態、發展階段不同，企業可以選取合適的指標來反映良性利潤。

本書認為，客戶資本仍可被視為存量市場下反映企業財務數字品質的重要指標，可以向資本市場提供更多的資訊，以方便其對企業進行有效判斷。

客戶資本三角：良性利潤的增長管理

透過客戶資本對良性利潤的衡量形成標準後，企業需要一套管理體系來建立起通往閣樓的階梯，客戶資本三角（Customer Capital Triangle）便可協助企業有計畫地達成良性利潤的增長管理。如圖 1-4 所示。

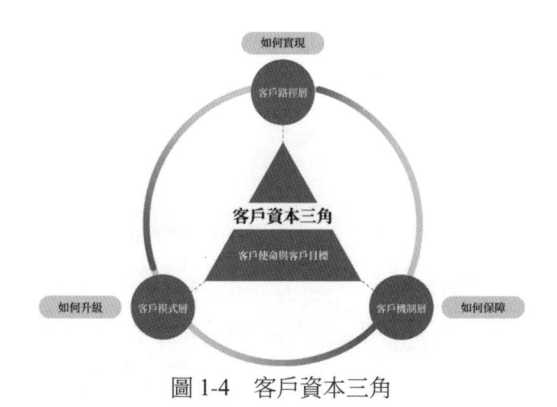

圖 1-4　客戶資本三角

第一部分　客戶資本三角
　　　　　——企業為何而戰

　　客戶資本三角由四個模組構成：在客戶資本三角的核心，企業需要明確客戶使命（Customer Mission）與客戶目標，作為客戶價值的「北極星」指標與企業行為的圭臬；沿著客戶價值的北極星指標，企業需要進一步回答「如何實現」、「如何更新」以及「如何保障」三個關鍵問題。

　　在第一個模組中，我們將回答「為何而戰」的問題。「以客戶為中心」是一個抽象的概念，而企業經營需要將抽象的概念轉換為具體的使命與目標。例如，亞馬遜從成立時開始，即強調提供多樣化選擇、高 CP 值以及盡可能豐富的便利購物體驗的承諾，成為其「增長飛輪」的價值原點；好市多（Costco）以滿足主流客戶高 CP 值的品質生活需求作為商業模式的基礎；亞朵酒店致力於「有溫度連接」，將服務升級為精心設計的體驗，透過有內容的空間來為顧客提供旅途中安靜的力量，與之產生精神上的共鳴；招商銀行從「因您而變」的客戶理念出發，建立了中國國內領先的零售銀行帝國。這些案例都說明了企業的客戶成功均來自一個清晰且明確的願景與目標。

　　有了客戶目標，在第二個模組中，我們將分析「如何實現」的策略路徑問題。哈佛商學院教授麥可‧波特（Michael E. Porter）認為，策略規劃就是企業進行經營取捨並有效配置資源的過程。進入客戶時代，傳統以產定銷的經營模式將使企業難以面對快速變化的市場環境以及消費者需求，企業需要

第一章　增長、韌性與客戶資本

更好地讓消費者參與到經營過程中來，將客戶權益融合到企業利益當中。客戶價值的經營需要企業發展新的能力，從端到端的全客戶旅程地圖（Customer Journey Maps）來思考企業的優勢與體驗谷底，更廣泛地將客戶視角融入日常的營運之中，建立新的經營模型與企業慣性。不論是新興消費品牌如喜茶、花西子、小米利用私域流量與社群營運來建立與客戶零距離的互動，還是傳統行業龍頭如 vivo、方太、平安保險等不斷透過數位化與 DTC（Direct to Consumer，直接面對消費者）模式來強化對市場的敏捷性與競爭力，沿著客戶旅程對企業的品牌、產品、服務、接觸點上均做了不同程度的革新與布局，讓大象重新跳舞。

在第三個模組中，我們將回答「如何升級」的問題。透過商業模式的改變，將企業掌握的客戶價值最大化。我們將探討兩種不同模式的客戶價值重塑，第一種是改變現有客戶的對價關係，另一種是建立以客戶資產為核心的增長重構。例如，網飛（Netflix）、Barkbox.com 甚至微軟也透過訂閱制與其客戶維持了靈活但長期的商業關係；好市多透過付費會員制（Paid Membership），改變了零售業的盈利模型；蔚來汽車以車為載體建立了多元的營收增長點，實現了服務產品化（Service Commercialization），將汽車交易從一次性的買賣，變成了長期的客戶價值維護；亞馬遜、美團、小米、迪士尼等更是利用其核心的客戶資產有效地進行多角化經營，建立

第一部分　客戶資本三角
　　　　——企業為何而戰

了第二甚至第三個可持續的增長曲線。雖然不同行業面對的市場與競爭環境各不相同，但以上商業模式的變化與升級，都離不開一個核心的經營本質、一個扎實的客戶價值基礎。

第四個模組我們將要回到「如何保障」的話題。傳統的企業經營更多是「由內而外」的正向管理模式，但隨著規模的擴張，正向管理模式往往創造企業內部的「穀倉效應」[11]，並逐步失去對市場與消費者的敏感度。因此，企業需要建立具備客戶視角的「反向驅動」管理機制，透過流程、組織以及系統來固化組織能力，如亞馬遜的「按燈制度」[12]、震坤行的「VOC」會議[13]、小米的「參與感三三法則」[14]，以及盛行的客戶體驗管理軟體（Customer Experience Management，CEM），均是協助企業建立反向驅動的制度與工具。

最後，值得一提的是，客戶價值經營最終還是需要回到

---

[11] 穀倉效應：指企業內部因缺少溝通，部門間各自為政，只有垂直的指揮系統，沒有水平的協同機制，就像一個個的「穀倉」，各自擁有獨立的進出系統，但缺少了「穀倉」與「穀倉」之間的溝通和互動，這種情況下各部門之間未能建立共識而無法和諧運作。

[12] 按燈制度：亞馬遜內部的一種回饋制度，即一旦有超過兩名客戶投訴同一產品的同一問題，無論該產品的銷售多麼優秀，亞馬遜的客服都有權點按網頁後臺所謂的「紅色按鈕」。該按鈕一旦被點按，就會發生兩件事情：亞馬遜產品頁面上的「添加到購物車」和「一鍵下單」按鈕會從產品頁面消失，客戶就無法購買該產品了，直到產品的缺陷解決才會重新上架。

[13] 「VOC」會議：Voice of Customer，即顧客市調會議，企業邀請一些客戶面對面進行交流，目的是收集客戶對產品和使用體驗的回饋和意見，以便更好地了解客戶需求和期望，進而改進產品和服務。

[14] 參與感三三法則：小米公司在其產品和服務的設計、開發和行銷過程中遵循的三個基本原則，包括「三個策略」（做熱門商品、做粉絲、做自媒體）和「三個戰術」（開放參與節點、設計互動方式、擴散口碑事件）。

第一章　增長、韌性與客戶資本

企業的信仰與文化,「以客戶為中心」理念的成功施行有賴於企業高層的以身作則,以及能夠將客戶文化滲透到第一線員工的日常工作之中。美國十大銀行之一、被稱為「美洲最便利的銀行」——道明銀行（TD Bank）即以「1 to say Yes, 2 to say No」（先說是,再說否）作為企業核心標語,提醒公司內部各部門的員工無論如何都要對客戶提供正向的回覆,盡可能地去理解並滿足客戶的需求,而不是一成不變,一味地拒絕客戶的提問。日本的傳奇零售商大關超市（Ozeki）,以「顧客會不會再回來」作為企業核心經營法則,在核心理念的指導下充分授權當地店長,以當地客戶需求為基礎做到千人千店的「個體主義」,在增長停滯的日本市場中獨樹一幟,而落實到底層的企業文化則是企業最核心的競爭力。

如果企業能夠做好客戶資本管理,即使外部市場充滿不確定性,企業也能維持穩定的增長。本書作者之一的王賽博士曾在業界提出「增長五線」理論,對企業的增長模式有一套完整的定義:在《增長五線:數位化時代的企業增長地圖》一書中,王賽博士認為增長具有五種不同的形態,並據此為企業增長態勢建構出五根線,即「增長五線」,分別是:撤退線、成長底線、增長線、爆發線和天際線。增長五線為處於不同增長態勢的企業提供了相應的增長路徑設計。

撤退線:企業或業務在增長道路上找到最好的售出、移除和轉進的價值點,進行撤退,實現價值的最大化。

第一部分　客戶資本三角
——企業為何而戰

成長底線：公司或業務發展的生命線，其作用在於保護公司的生死，為公司向其他地方擴張提供基礎養分。

增長線：企業從現有資源和能力出發所能找到業務增長點的一切總和。

爆發線：在增長路徑中可以讓業務在短期內呈現指數級增長的線。

天際線：企業增長的極致所在，決定了企業價值的天花板在哪裡，實際上也決定了企業能跑多遠。

客戶資本的第一大價值，就是哪怕市場出現任何的不確定狀況，企業都能夠確保增長的穩定性。成長底線和增長線是兩條重要基線。成長底線是企業在不投入任何資本的情況下，企業還能夠維持的最低增長；而增長線則指企業在有效的投入情況下維持計畫性增長。成長底線和增長線是企業獲得健康穩定發展的基礎，而好的客戶資本管理則是能夠保證企業的發展規劃能在保證成長底線的前提下完成有計畫的增長線。

客戶資本的第二大價值就是創造爆發線和天際線。當企業已經有足夠的客戶忠誠度時（客戶資本累積到一定程度時），企業便有機會去進一步對客戶資本進行深度變現，改變企業的商業模式，甚至重新確定市場的規模和定義。企業一旦擁有足夠的客戶資本去改變成長軌跡，就可以創造出爆發線，隨後去重新定義市場的天際線。

第一章　增長、韌性與客戶資本

　　本書核心談的是客戶，但目的是要在客戶身上去建立企業增長的公式。從過去四十多年的過程中，我們看到中國國內許多優秀的企業家以良性利潤為基礎建立了抵禦競爭的護城河，隨著市場變化靈活創新，實現了穿越週期的規模成長；與此同時，我們也看到不少企業隨著業務成功與規模擴大，失去了在企業初期對客戶的堅持與市場的敏感度，於時代的浪潮中起起落落。增長是企業永恆的議題，本書希望直擊企業永續經營的核心──我們的增長是來自良性利潤還是惡性利潤？向企業管理階層提供一個系統性的思考方式與工具，在「不確定性」強的大環境下，建立具有「確定性」的增長邏輯──一個能持續增長的商業模式，使企業成為歷久不衰的「傳奇企業」。

第一部分　客戶資本三角
——企業為何而戰

第二章　界定客戶使命

客戶資本三角的起始點：客戶使命

在第一章結尾，我們提出了客戶資本三角的框架，其中，客戶使命作為客戶資本三角的策略勢能點，決定了策略的高度，又作為客戶三角體系的定位點（Alignment Point），發揮了貫穿整套系統的作用。顧名思義：使命，使之為命。這套系統在商業語言中亦被稱為 MVV（Mission, Vision, Values），即使命、願景與價值觀，這是所有公司策略的第一道關卡。

談及使命，兩千五百多年前的軍事家、政治家與哲學家孫武點出了個中精髓。《孫子兵法》有云：「故經之以五事，校之以計而索其情：一曰道，二曰天，三曰地，四曰將，五曰法。」「天」是天時，是外部趨勢和變化；「地」是地形，是企業所在行業、市場和具體的競爭環境；「將」是組織者，放在企業來說，將就是企業內部員工，尤指管理者；「法」就是組織、管理層面的規則。「經之以五事」的第一條為「道」，道即命，說明企業、組織為何而戰。

作為外部市場趨勢與內部資源配置關係中的核心樞紐，

第二章　界定客戶使命

越是面對不確定的外在環境，使命扮演者承上啟下的角色越是關鍵。使命讓企業持續思考自身在市場的定位，保持公司經營價值的一致性，凝聚向心力去應對外部變化；使命又能作為公司內部管理的對標線，去衡量組織者以及組織者管理層面規則的錯與對，這也印證了彼得·杜拉克的話：「只有明確地界定了企業的宗旨（Purpose）和使命（Mission），才有可能確定清楚而現實的企業目標（Objectives），企業的宗旨和使命是確定優先次序、制定策略、編制計畫、進行工作安排的基礎，是進行管理工作規劃，特別是進行管理結構設計的出發點。」[15]

公司使命 vs 客戶使命

正如財經作家吳曉波早年的一篇名文〈被誇大的使命〉中所言：「企業家被『不自覺』地賦予了它不應當承擔的社會角色和公眾責任，他的使命因而被放大。在這一情形中，有的人不堪其重，有的人迷失了職業化的方向，也有的人以使命為旗而行不義之私⋯⋯任何價值都不應該被低估，任何使命也不應該被誇大。」吳曉波提出，「被誇大的使命」本質上是企業家把使命作為野心與情懷的一種表演，從而偏離了使命本身實質。這也是我們做諮詢顧問時的發現──當下絕大多

---

[15] [美]彼得·杜拉克，王永貴譯：《管理：使命、責任、實務》，機械工業出版社 2007 年版，第 78 頁。

053

第一部分 客戶資本三角
——企業為何而戰

數企業在進行使命願景規劃的時候，往往落在企業視角，過度強調企業本身應該要達到的目標和狀態，而缺乏對企業立足的基礎——企業應該提供給客戶什麼價值的思考。面對外部市場環境、消費者偏好、競爭格局的變化，不論是新創公司，還是立足市場已久的成熟企業，現在的確是重新審視企業使命的時候，這也是我們在客戶資本三角中一開始就提出「客戶使命」的緣故。

彼得·杜拉克是第一位系統研究企業使命的學者，他非常鮮明地提出了自己的觀點：企業宗旨有且只有一個適當的定義，那就是：創造並滿足顧客需求就是每家企業的宗旨和使命。「客戶使命」才是彼得·杜拉克對使命的原始定義，宣告企業為其客戶提供產品或服務的目的，兌現對客戶始終如一的價值承諾。與公司使命（Corporate Mission）不同之處在於，客戶使命聚焦於客戶，聚焦於價值創造的理念，聚焦於存在邏輯，聚焦於客戶可以感受的結果。華頓商學院教授喬治·S·戴伊（George S. Day）所提出的「由外而內策略」（Outside-in Strategy）將「客戶」作為連接外部與內部策略的轉化點，把增長的核心放在不斷發展、保持客戶關係上，並上升到客戶忠誠以鎖定其終身價值，從而實現企業目標。

根據我們多年策略諮詢生涯的經驗，缺失客戶使命的策略極易讓企業策略失去「真北」（True North），將客戶僅僅視作一種市場獵物或成就資料，而忘卻公司存在的目的——

第二章　界定客戶使命

有競爭力地創造顯著的客戶價值。客戶策略與營運管理的工具層出不窮，比如增長駭客、顧客帳戶行銷、流量池／客戶池、客戶旅程設計、客戶體驗管理等；但是如果缺失客戶使命，這些工具只不過是徒有其表的框架，誠如曼徹斯特的生產機械[16]，或者華爾街冷血的資料而已，這也是我們作為旁觀者、參與者看到諸多公司說著「以客戶為中心」，卻無法真正做到的原因，因為他們的大腦中僅把使命看作「公司應該成為什麼」，而不是從服務客戶的角度去看「公司應該成就客戶什麼」，這也是公司使命與客戶使命的根本區別。

一個成功的客戶使命能夠幫助企業思考並重新找到市場定位，尋求其中的增長契機。2000 年初的墨西哥水泥集團西麥斯 (CEMEX) 透過重新定義客戶需求以及客戶使命，在極為傳統的水泥業建立了卓越的市場地位。在 2008 年的全球金融危機中，西麥斯被《連線》(*Wired*) 雜誌評選為全球經濟的領軍企業之一，排名僅次於 Google，微軟位居其後；英國品牌諮詢公司博略 (Interbrand) 所釋出的全球最受青睞的品牌中，西麥斯處於最受南美洲消費者歡迎之列，這對 to B 企業而言是個了不起的殊榮。

西麥斯為什麼能獲得極大成功？這是由於他們的 CEO 羅倫佐・贊布拉諾 (Lorenzo Zambrano, 1944-2014) 切實發現

---

[16] 曼徹斯特是工業革命時期英國主要的工業中心之一，生產了大量高效、精準的機械設備。這裡的意思是說，工具很先進，但是沒有被用於服務企業使命。

第一部分　客戶資本三角
　　　　——企業為何而戰

了客戶的需求，並重新定義了客戶使命。在過去，市場上多數企業把水泥視為大宗商品，而客戶購買水泥通常以體積計算，只看重價格是否便宜，所以這些企業只把價格便宜這一點作為唯一關注的經營目標。但當羅倫佐·贊布拉諾在與客戶密切接觸、深入了解他們的需求後，他發現對於客戶而言，比價格低廉更為重要的因素有：

◈ 供貨方能否在指定時間把貨送達：送貨過程中，幾小時的耽擱在全部竣工獎金中意味著幾百萬美元的損失。
◈ 粒料的混合：建築物類型不同，要求的粒料混合也不同。
◈ 水泥送達時是否已經攪拌好：攪拌好可以節省大量勞動力成本。
◈ 貨物送抵的地點：如果直接從卡車上泵入建築物遠比先儲存備用為好。

　　針對這些客戶核心需求與機會，羅倫佐·贊布拉諾考察了其他行業的送貨模式，並重新制定了西麥斯的送貨模式。比如，達美樂披薩（Domino's Pizza）30 分鐘送到家是怎麼做到的？聯邦快遞在全球經營 24 小時內包裹快遞，是如何運作的？救援服務採取了什麼措施來加快回饋速度？羅倫佐·贊布拉諾學著根據訂單的複雜性和送貨距離替訂單排序，或者把推遲的訂單轉移給其他供應商；他模仿聯邦快遞的「轉運中心及航線系統」（Hub-and-Spoke）重新安排了分銷點，他甚

第二章　界定客戶使命

至在施工現場安排了提前應對小組，以滿足緊急需求。

現在，搭配著數位化能力，墨西哥水泥集團可以靈活並及時地把建築材料送抵目的地；即使客戶隨時修改訂單，西麥斯也能準確地滿足客戶的特殊要求。西麥斯的靈活性有助於客戶提高建築施工效率，減少了建築材料的使用和時間的浪費。在 2006 年，西麥斯創立 100 週年之際，其市值一度達到 300 億美元左右，傲視同期其他國際水泥大廠。

西麥斯的使命宣言在百年慶典時被重申和改寫，它把重點放在客戶和滿足客戶的願望上，而不是強調客戶所需要的建築和材料。從西麥斯的例子可以看出，儘管十分傳統的水泥行業是最不容易實現營運靈活、高效的行業之一，但只要企業將滿足客戶需求當作追求的目標，重新定義客戶使命，並保證顧客的需求能獲得滿足，就能最大化企業的策略性優勢。

客戶使命的特性

誠如本書第一章所提及的，近年來，許多企業喜歡直接把「以客戶為中心」作為公司主張，儘管這六個字能給人一個宏大的視野，但卻過於廣泛，易淪為空洞的口號。客戶使命猶如交響樂團的指揮棒，能夠錨定企業發展的方向，充分帶動企業內部的向心力。從一些成功的企業中，我們發現，理

第一部分　客戶資本三角
　　　　——企業為何而戰

想的客戶使命具備四個特性：客戶性、引導性、與時俱進、易與員工產生共鳴。

第一，客戶使命具有客戶性。客戶使命需要企業把對客戶的價值與承諾列入企業的主張當中，比如亞馬遜在其客戶使命中就寫著「透過網路和實體店服務消費者，注重選擇、價格和便利」。為客戶提供多樣化、高 CP 值商品以及盡可能便利的購物體驗是亞馬遜對客戶的承諾和態度，這一客戶使命傳達出亞馬遜客戶利益優先的決心，也是亞馬遜著名的「增長飛輪」的價值原點。全球最大的 B2C 購鞋平臺之一美捷步強調「傳遞快樂」、為顧客帶來「無敵式使用者體驗」，實行令顧客驚嘆的產品與服務政策，在競爭激烈的網購市場中脫穎而出。招商銀行以「打造最佳客戶體驗銀行」為企業願景，其「因您而變」的以客戶為出發點的理念從未發生改變，因此從零售銀行的體驗設計到線上線下全鏈路的數位化服務，都顛覆了傳統銀行以管理流程為中心的經營模式。

第二，客戶使命也應具有引導性，它不應該是一個空洞的口號，而應該是一個實現價值承諾的過程，能具體反映企業對客戶價值與定位的訴求，進一步引導企業相關策略的制定，並與不同利益相關者（股東、市場、管理層、員工、供應商等）建立相同的溝通語言，形成對企業發展的共同預期。

好市多的客戶使命是滿足主流客戶對高 CP 值品質生活的需求，在其客戶使命引導下，好市多擁有清楚的客戶定

第二章　界定客戶使命

位，從而做出了相應的商業模式設計。相較於其他零售龍頭如沃爾瑪，好市多更加聚焦在中產人群的痛點上──如何高效找到物美價廉的商品以解決生活中的問題：好市多砍掉大量無用的 SKU（最小存貨單位），精選出熱門商品，並在售後服務上做到退換貨不設期限，讓客戶沒有後顧之憂，降低了客戶選擇的時間成本；同時，好市多不靠商品賺錢，主動將銷售商品的利潤壓縮至僅維持營運所需，把節省的採購成本回饋給會員──好市多將盈利模式放在會員制度上，因為會員費是其核心利潤的基礎。會員服務越卓越，好市多的客戶忠誠度以及競爭壁壘就越穩固，在某種意義上，好市多可以被視為一種另類的網路公司（有效聯結會員、明確解決客戶所需、價值訴求明確、具備客戶永續性交易的基礎）。

　　同樣，6 年時間將四千多萬元不良資產轉變為 30 億元銷售額的阿那亞，倡導「人生可以更美」的理想生活價值觀。阿那亞定位大都會區 25 至 35 歲新中產族群，透過深度挖掘核心人群的需求，樹立明確的客戶定位以及產品服務內涵：從滿足生活配套的服務，如建社區餐廳、兒童託管中心、管家團隊等，到滿足精神烏托邦的文藝設施，如美術館、圖書館，以及每年約 1,500 場各類活動，包括客戶自發舉辦的活動。阿那亞為新中產提供了找回本我的場域，創造了居民實現情感和精神價值的新生活方式，打造了獨樹一幟的休閒度假品牌。

第一部分　客戶資本三角
——企業為何而戰

不管是傳統的會員零售企業好市多，還是擁有新生活理念的阿那亞，總之，好的客戶使命需要明確客戶承諾來指導企業經營決策。

第三，客戶使命是與時俱進的。客戶使命是聯結外部環境以及內部策略資源的樞紐──促使企業更加關注外部需求的變化，以保持足夠的客戶敏感性，能主動並及時地應對市場上的變化，與時俱進，強化企業韌性。以中國銀行業為例，1990 年代，五大行與市場主流銀行以企業客戶為營收主要來源，零售及個人客戶被視為「邊緣化業務」，那時理財、貸款是為少數人提供的金融服務，中國國內絕大多數銀行尚未聯網，提款卡還不能跨區使用，要實現全國範圍內的通存通兌幾無可能，線上購物、線上支付更是天方夜譚。

於是，招商銀行決定在中國建立一家真正的商業銀行，踐行「因您而變」這樣一個以客戶為中心的客戶使命。1995 年，招商銀行率先推出明星產品「一卡通」，實現了「穿州過省，一卡通行」；2004 年，招商銀行成為業內第一家在銀行體系內把零售作為策略主體的銀行企業，建立了「客戶滿意度指標體系」；2010 年，招商銀行適時推出掌上生活 App，進行多元化場景布局，向生活類的超級應用程式跨越；2014 年，招商銀行提出「輕型銀行」的概念，以 App 取代提款卡，打造線上線下一體化的全管道服務體系。

據招商銀行的年報，其 2022 年營收逼近人民幣 3,500 億

元,實現營業利潤約人民幣 1,400 億元,其中,零售金融業務營收占比高達 55.5%。招商銀行確立了「因您而變」的客戶使命,跳出一味追求短期財務指標的惡性循環,以提升客戶價值和體驗為目標。在過去 20 年間,儘管外部市場環境與企業管理理論不斷更迭,我們仍可以從招商銀行的各種公開文件中看到他們對於「客戶至上」的堅持與不斷升級的價值內涵。

第四,客戶使命需要易與員工產生共鳴。當員工認同企業的客戶使命時,他們將自覺受到企業價值觀的驅動,高效投入工作,發自內心為客戶提供最好的體驗。美國著名的小華盛頓旅館(The Inn at Little Washington)擁有被譽為「比天堂更舒服」的用餐環境,主廚派翠克‧奧康諾(Patrick O'Connell)對待客戶體驗有一個獨特的管理方法叫「心情分數」:小華盛頓旅館的員工目標,是不想讓客人離開時的心情分數低於 9 分,所以當有一桌客人的心情分數看起來低於 9 分時,整個管理團隊就必須同心協力地改變局面。受到讓客人滿意的價值觀驅動,服務生便會認真思考如何為客人提供最好的用餐體驗,並融入日常的工作行為當中。例如在點餐環節,一項有趣的規定是「Don't say NO」(不要說不),面對客人詢問某項菜品的建議時,服務生需要詳盡地介紹料理的食材和調味料,讓客人有足夠的資訊做決定。「以態度選才」是派翠克‧奧康諾挑選員工的最重要原則。他憑藉長期的面試經

第一部分　客戶資本三角
　　　　　——企業為何而戰

驗發現，員工如果以正面或感恩的方式來陳述過去的經歷，他們多半更在乎別人的感受，也更容易發自內心地為客戶提供最好的體驗，跟客戶使命產生共鳴。

建構客戶使命

使命之難，在於「使之為命」之難。界定企業目的與使命並不簡單，而是困難、痛苦並且具有風險性的工作。但唯有如此，企業才能設定目標，發展策略，集中資源，有所行動；唯有如此，企業才能管理績效。企業在客戶使命的建構上，需要充分考慮外部市場與客戶環境、創辦人（管理者）的預期、企業內部資源的定位，基本上可以從市場客戶機會、目標客戶價值主張、客戶創新訴求幾個面向來提煉客戶使命的核心元素。如圖 2-1 所示。

圖 2-1　客戶使命的建構來源

首先，客戶使命可以源自市場上的客戶機會，並有效反映企業策略定位的選擇，以支持企業策略路徑的實現。從市

第二章　界定客戶使命

場趨勢中建立客戶使命不代表該策略定位沒有競爭對手，而是企業願意在使命層級建立起足夠的決心來抓住市場上的客戶機會。以前面提及的招商銀行為例，招商銀行察覺到市場上零售客戶業務的趨勢機會，提出「因您而變」的客戶使命，實現了「打造最佳客戶體驗銀行」的願景。再舉一個例子，全球市值最大但一度瀕臨破產的玩具大廠樂高（LEGO）以啟迪和培養未來的建設者作為企業的核心使命，並追求在這個使命領域做到最好。雖然玩具市場上出現了各種數位產品，以及層出不窮的挑戰者，但樂高依舊在各種環境中出色地完成了自己的使命。

另一種常見的客戶使命建構方式在於明確目標客戶的價值主張，聚焦企業想要傳遞給內外部的關鍵資訊，進一步顯化企業對客戶的承諾，有效占領客戶心智，例如好市多和亞馬遜。好市多的客戶使命是滿足主流客戶高 CP 值的品質生活需求，從而專注於為客戶挑選物美價廉的商品，降低客戶的總付出成本（包含具體消費付出和時間選擇成本）；亞馬遜則是在其客戶使命中寫道：「透過網路和實體店服務消費者，注重選擇、價格和便利。」它憑藉著強大的線上網路與線下實體倉儲物流的協調和融合發展，為顧客迅速送上所需貨物。中國國內餐飲連鎖龍頭之一西貝餐飲以「一頓好飯，隨時隨地」為企業願景，制定了「好吃」策略，實行「非常好吃，非常乾淨，非常熱情」的價值主張；西貝對客戶承諾「閉

第一部分　客戶資本三角
　　　　　——企業為何而戰

著眼睛點,道道都好吃」,這個承諾逼出了羊肉串、西貝麵筋、澆汁蕎麵等數個年銷售額過人民幣億元的爆紅菜品。

　　如果前兩個角度更多是從市場與客戶本身來尋求答案,最後一個角度可以從企業自身的客戶創新訴求出發,從企業本身對未來理想的客戶狀態進行定義與描述,來引導市場與企業的發展。坐落在中國長春的商業複合體、室內度假文旅小鎮「這有山」則是重新定義了「度假目的地」。它是東北平原上一座具有強烈年代感的現代山丘景區小鎮,把大山裝進盒子裡,整座山高約30公尺,沿著山坡向上走,有小吃街、劇場、博物館、書店、電影院、展覽館、飯店……是獨一無二的集吃、喝、玩、樂、住於一體的微景點。它的創造者呂興彥不想把這裡做成一家傳統的購物中心,於是替自己定了三個規矩:一是不招有傳統購物中心經驗的人,二是招商全部交給年輕人,三是購物中心型的品牌能不招就不招,連鎖品牌也盡可能不要。呂興彥要做的是為客戶打造兼顧衣食住行的「人造景區」,而非傳統購物中心,更準確地說,是「3－24小時都市短期度假目的地」,重新定義了度假目的地,吸引比傳統購物中心更多的人流,從而獲得盈利。

　　建構一個定位清楚、訴求明確的客戶使命,表達了企業「以客戶為中心」的決心,也是企業具體化客戶導向經營的關鍵第一步。

第二章　界定客戶使命

CEO 是客戶使命的第一責任人

在本書第 1 章中曾經提到，現代企業的執行規劃有一套非常成熟的目標與拆解過程。當企業對業務目標進行拆解管理時，可能會與從客戶視角出發的增長產生衝突，這就導致從客戶視角出發的客戶使命跟企業運作慣性有時候是相衝突的，而這些衝突則需要由公司最高管理層來進行協調和化解。

在各個企業對「以客戶為中心」的不同解讀中，網路龍頭亞馬遜有自己獨特的理解。創辦人傑夫·貝佐斯曾說過：「零售商分為兩種，一種想辦法怎麼多賺錢，一種想辦法讓客戶省錢。」對於亞馬遜而言，「以客戶為中心」是公司目標的本身，而不是實現其他目的（比如擴張、盈利）的方式。在每一年的亞馬遜 CEO 致股東信中，傑夫·貝佐斯都會附上一份 1997 年致股東信的副本來請股東們共同督促和見證亞馬遜對當年客戶使命的踐行。

在那封 1997 年的信中，傑夫·貝佐斯概述了亞馬遜獲得成功的基本標準，就是堅持不懈地關注客戶、創造長期價值而不是企業短期利潤。我們整理 1997 至 2021 年所有的亞馬遜 CEO 致股東信後發現，幾乎每一年，傑夫·貝佐斯，包括 2021 年出任亞馬遜 CEO 的安迪·賈西（Andy Jassy）都會討論到如何踐行客戶使命，為客戶具體做了些什麼。

第一部分　客戶資本三角
　　　　　——企業為何而戰

1997 年：我們將繼續毫無保留地專注於客戶。

1998 年：我們擔心的是客戶，不是競爭。

1999 年：最以客戶為中心的公司。

2000 年：對電子商務依然保持信心，顛覆客戶體驗。

2001 年：堅持客戶至上。

2002 年：低價和優質客戶體驗，現金流轉正。

2003 年：我們總是使用「客戶體驗」這個詞，它包含了我們呈現在客戶面前的一切。

2005 年：用資料做定量分析，改善了客戶體驗和成本結構。

2006 年：當啟動一項新業務時，我們會持謹慎態度，注重資本報酬、可能達到的規模，以及推出客戶所關心的差異化的產品和服務。

2007 年：我們知道，只要我們堅持客戶至上，我們可以實現這樣的期望。

2008 年：從顧客需求出發的「逆向工作法」。

2009 年：我們的 452 個目標中，有 360 個目標直接和客戶體驗有關。

2010 年：創新技術工具，改善客戶體驗。

2012 年：永遠聚焦關注客戶，而非競爭對手。

2013 年：當我們真正能夠服務於客戶時，便會加倍下注，希望獲得更大的成功。

2014 年：客戶可能很快就能覺察到這會為他們帶來史無前例的購物體驗。

2015 年：我說的是以客戶為中心而不是以競爭對手為中心，對創新和領先的渴望，願意失敗，長遠思考以及卓越的營運。

2016 年：保持 Day 1 狀態，客戶至上。

2017 年：如何面對不斷上升的客戶期望而始終立於潮頭？單一的方式是行不通的，必須結合多種方法。

2018 年：獎賞來自顧客們的回饋，他們把在亞馬遜商店購物的經歷形容為「神奇的」。

2019 年：亞馬遜正在積極採取行動，保護我們的客戶免受試圖利用這場危機的壞人們的傷害。

2020 年：我們一直希望成為世界上「最以客戶為中心」的公司，我們不會改變這一目標，這就是我們走到這一步的原因。

2021 年：我們相信這些客戶體驗永遠可以變得更好，我們努力讓客戶每天的生活更美好、更輕鬆。

除此之外，傑夫・貝佐斯幾乎在每一次商業場合的發言中都會談到亞馬遜是如何做到重視客戶體驗這件事的。傑夫・貝佐斯在亞馬遜成立之初所提出的願景和使命，這些年來並沒有因為亞馬遜規模的改變而有所不同。在中國的企業當中，也有許多企業 CEO 在各種場合中多次強調客戶體驗的重要性，如 vivo 的 CEO 沈煒在過往的新春致辭中都會強調堅持客戶導向才能創造出更多偉大的產品。在 2022 年京東內

第一部分　客戶資本三角
　　　　　——企業為何而戰

部會議上，久未露面的 CEO 劉強東提及自己早年為京東商城做客服的經歷：他直接在辦公室席地而臥，並把鬧鐘設定為兩小時響一次，每次鬧鐘一響，就會在木地板上振動發出聲響，他就爬起來回覆顧客訊息，他強調，京東需要永遠以客戶體驗為先，強調零售業務要回歸客戶體驗。喜茶創始人聶雲宸多次在採訪中強調喜茶是「站在消費者的立場上」的產品，在每次新品上市前都會花大量時間去做客戶調查研究。而中國大多數企業「以客戶為中心」根本無法應用的一個根源在於——CEO 離財務數字最近，離客戶最遠。這也是為什麼我們在本書第 1 章中透過「客戶資本」把客戶價值具體化，來時刻提醒管理階層對客戶價值保持一定的敏感性，並提供資本市場更多資訊來對企業進行有效判斷。

　　大多數企業對銷售額與盈利的增長念念不忘，但是卻忘記了這些數字背後的驅動力來自於客戶。從公司使命轉化為客戶使命，可以幫助企業從「由外而內」的視角明確企業目的，也意味著企業將重新思考自己在客戶利益中扮演何種角色。高呼「企業使命」的大多只是傲慢宣布自己的野心或理想，對客戶隻字不提，極易使企業盲目追求短期利潤最大化，而客戶僅僅成為企業達到目的的手段。過去這些企業使命大多數是「最大化創造股東價值」、「成為行業的市場領導者或顛覆者」，雖然從企業策略的角度來看這無可厚非，但這是創始人真正創業的動機嗎？它能讓企業從眾多具有類似使

第二章　界定客戶使命

命宣言的競爭者中脫穎而出嗎？這是公司存在的價值和理由嗎？將使命客戶化，才能真正看到公司的價值所在。迪士尼的客戶使命是為客戶建立全世界最快樂的地方，點亮心中奇夢；麗思卡爾頓酒店將自己定義為「我們是為淑女和紳士們服務的淑女和紳士」；沃爾瑪之所以創立，是因為山姆．沃爾頓（Sam Walton，1918-1992）立志要「讓普通人也能像有錢人那樣購物，沃爾瑪為客戶省錢，讓他們生活得更美好」。1980年代，麥肯錫諮詢公司深入調查研究了 43 家傑出的模範公司，其中包括 IBM、德州儀器（Texas Instruments，TI）、惠普、麥當勞、柯達、杜邦等各行業中的翹楚，並在此基礎上推出了著名的 7S 策略模型（Mckinsey 7S Model），指出企業在發展過程中必須全面地考慮各方面的情況，包括結構（structure）、制度（system）、風格（style）、員工（staff）、技能（skill）、策略（strategy）、共同的價值觀（shared values）。在這七個要素中，結構、制度和策略被認為是企業成功的「硬體」，風格、員工、技能和共同的價值觀這些是企業成功的「軟體」，它們更難以辨識、難以觸碰、難以複製，這也是我們在闡述客戶資本三角時以「客戶使命」為開端的原因。

　　缺失客戶使命，再精巧的客戶策略也會失去準心。它不見得要出現在企業每天的經營會議中，但一旦成為使命，它將深入企業的骨髓，並且貫穿在企業以客戶為中心的整個轉型策略的實施過程中。

第一部分　客戶資本三角
——企業為何而戰

第三章　定義客戶目標

客戶使命與客戶目標

在為何而戰這個環節中，企業需要思考自己的「客戶使命」是什麼，其答案雖然可能只是短短的一句話或幾行字，卻能回答一個最核心的問題——「企業為何存在」。然而，僅有客戶使命仍然難以指導龐大的企業機器保持正確的航向。正如美國職業棒球大聯盟（MLB）的傳奇捕手尤吉・貝拉（Lawrence Peter Berra，1925-2015）所說：「我們迷路了，但我們開得很順，正在快速前進！」彼得・杜拉克在其名著《彼得・杜拉克的管理聖經》（*The Practice of Management*）一書中提出了「目標管理」的概念，他解釋道：「目標不是命運，目標是方向；目標不是命令，目標是承諾。目標不能決定未來，目標是經理人藉以動員一個企業的資源與動力，用來創造未來的方法。」[17]

本章的主要內容就是論述企業如何才能夠科學化地將客戶使命轉變成客戶目標體系，以具體指引企業的業務規劃與

---

[17]　[美] 彼得・杜拉克：《管理的實踐》（臺譯：彼得・杜拉克的管理聖經），機械工業出版社 2019 年版，第 59 頁。

第三章　定義客戶目標

資源配置。

　　長期以來，企業普遍圍繞財務目標來進行業務規劃，將財務指標拆解到各個部門和流程環節，並在此基礎上建立企業日常經營的慣性。但這些經營習慣並非為了滿足客戶需求或是解決客戶的問題，而是為了達到部門目標而產生的企業行為，因此形成了著名的「穀倉效應」，造成部門之間的壁壘。建立客戶目標體系就是要有效打破企業內部壁壘，重新在企業龐大的體系中匯入客戶視角的思考，將客戶使命融入企業日常運行之中，對企業行為提出有效的指引。例如：招商銀行在向零售銀行轉型的過程中，匯入「平臺活躍度」（MAU）來衡量客戶的留存價值；中國平安保險集團以「個人客戶購買產品數」、「跨平臺／業務客戶遷徙數」作為關鍵指標，來評估生態圈內個人客戶的增值潛力；抖音電商、華為引入淨推薦值，確保在保障客戶體驗的前提下發展業務與經營；串流媒體平臺網飛以「觀看時長」來衡量使用者黏性與留存，進而評估企業業務的吸引力與商業潛力。各領域的領先企業均在思考建立有效的客戶目標體系，以便搶先在存量市場建立具有韌性的新的企業競爭力。

　　從管理學的角度來說，目標如果不能衡量，那就無法管理。企業在建立客戶目標體系的過程中，需要思考如何來選擇與量化目標（見圖3-1）。一方面客戶目標要能夠有效地對映與預測未來的商業成功（或保持企業外部競爭力），另一方

第一部分　客戶資本三角
　　　　——企業為何而戰

面要能夠對企業經營行為形成有效的指引。以下我們就如何建立客戶目標體系做更進一步的探索。

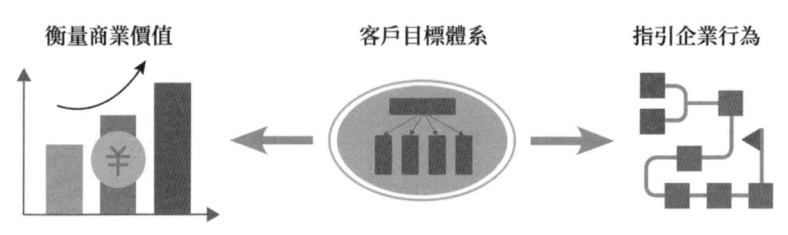

圖 3-1　客戶目標的角色

建立客戶目標體系

如何「評價」客戶價值，並以此為基礎來「選擇」目標並進行客戶管理，學界與業界並沒有一個統一的答案。大家耳熟能詳的，當屬 1980 年代末羅伯特・蕭（Robert Shaw）和梅林・史東（Merlin Stone）於《資料庫行銷：策略與實施》（Database Marketing: Strategy and Implementation）一書中提出了客戶終身價值（Customer Life-cycle Value，CLV）的概念，透過客觀量化客戶對企業的價值貢獻，來作為企業目標制定與客戶評價的基礎。客戶終身價值是指在留住客戶的前提下，企業從該客戶／整體客戶持續購買中所獲得的利潤流現值，其中包含歷史價值（到目前為止已經實現了的客戶價值）、當前價值（如果客戶當前行為模式不發生改變的話，將來會為公司帶來的客戶價值）和潛在價值（如果公司透過有效的交叉

銷售可以帶動客戶的購買積極性,或促使客戶向別人推薦產品和服務等,從而可能增加客戶價值)三個部分。

客戶終身價值的應用獲得了廣泛的研究與延展。馬里蘭大學商學院羅藍・T・洛斯特(Roland T. Rust)教授在其所著的《顧客資產管理》(*Customer Equity Management*)中,用馬可夫轉移矩陣來進一步完善客戶終身價值模型,加入外部競爭態勢以及客戶遷徙的變數,例如市場上其他相關品牌的客戶留存機率,以及從一個品牌轉換到另一個品牌的可能性等。為了提升客戶終身價值的應用場景,哥倫比亞大學商學院蘇尼爾・古普塔(Sunil Gupta)與唐納德・R・萊曼(Donald R. Lehmann)在《關鍵價值鏈》(*Managing Customers as Investments*)一書中簡化了客戶終身價值的計算方法,計算公式如下:

$$CLV = mr / (1 + i - r)$$

公式中,m 為利潤,r 為保留率,i 為貼現率(指把將來的收益折算至當前的轉換率,讓企業更容易獲得客戶終身價值的計算成果)。

客戶終身價值為企業從客戶視角來計算商業成效帶來極高的思考價值與啟發,同時隨著 IT 技術發展,客戶數位資產的豐富性大幅提升,這對於客戶終身價值的計算有著極大的幫助。在客戶終身價值的實際應用上,企業仍面臨著許多管理上的挑戰。

第一部分　客戶資本三角
——企業為何而戰

偏靜態：客戶終身價值的計算，是以企業所面對的客戶構成與市場態勢作為計算起點的，在市場出現較大變化或是企業客戶結構和消費者行為出現轉變的時候，客戶終身價值往往會面臨大量參數的調整。

複雜性：雖然蘇尼爾・古普塔與唐納德・R・萊曼將客戶終身價值的計算做了極度精簡，如在計算過程中簡化不同參數的獲取方式等，但客戶終身價值的計算過程仍有賴於大量主客觀資料的輸入，這對於數字基礎差的企業來說，起始門檻較高。

微觀性：客戶終身價值以單個客戶或聚類客戶作為計算的維數，模型搭建過程更多是由下而上的過程（衡量與加總每個人／每一群人可創造的商業價值），對於客戶目標管理中需要更多從頂層拆解來指引資源配置的策略邏輯並不是十分契合。

長期性：客戶終身價值強調的是「終身」，即「一段時間」客戶所創造價值的總和（不管是不是做貼現率的計算）。

儘管客戶使命以及以客戶為中心是一個長期的工作，但落實在客戶目標管理上，需要的則是一個更「短中期」（3至5年）「可執行」的規劃，以有效指引企業行為與路徑。客戶終身價值的相關理論為企業在探索與評估「客戶價值」道路上提供了一個清楚的框架。為了將客戶價值融入企業的日常經營之中，為其建立目標並進行更好的客戶管理，本書提出了

「客戶資本」的概念——將企業的增長貢獻進行結構化的拆解，把符合客戶利益所創造的良性利潤稱為客戶資本。透過衡量企業一定週期內客戶資本的變化，來審視企業的商業增長品質以及永續性。

客戶資本建立起了一個計量基礎，以對齊客戶價值與企業財務之間的關係。這就像海上矗立的燈塔，引領企業朝正確的方向邁進。但如何讓客戶資本能夠更好地定義與管理企業行為，企業需要搭配建立其他相關指標，誠如航海中所必備的地圖與羅盤，形成「以客戶為中心」的目標管理體系，對企業經營提供過程性的引導。

根據筆者過去的經驗，以客戶資本為基礎的目標管理體系由客戶體驗指標（Experience Data，X-Data）以及客戶營運指標（Operation Data，O-Data）兩個主要模組構成（見圖3-2）。其中，客戶體驗指標讓企業從客戶視角來檢視企業策略是否能夠有效地被客戶感知，以及企業是否足以形成與競爭對手差異化的壁壘。例如，會員制超市以精準客群的極致CP值來建立與電商及普通超市的差異化定位；友邦保險在中國以高品質的代理人團隊和加值服務與具有規模優勢的綜合型保險公司競爭。客戶營運指標則是審視與追蹤經營過程中的關鍵場景，判斷企業的日常行為是否滿足目標客戶最關注的訴求。例如，對於對時效性要求較高的行業如物流企業而言，「完美訂單履行率」是影響企業競爭力最為關鍵的指標之一。

◁ 第一部分　客戶資本三角
▶　　　　　　——企業為何而戰
◁

```
                    客戶資本
        客戶留存價值＋客戶潛力價值＋客戶推薦價值

        客戶體驗指標                    客戶營運指標

  ┌────┬────┬────┬────┐      ┌────┬────┬────┬────┐
  │價值│價值│價值│價值│      │關鍵│關鍵│關鍵│關鍵│
  │定位│定位│定位│定位│      │指標│指標│指標│指標│
  │ 1  │ 2  │ 3  │ X  │      │ 1  │ 2  │ 3  │ X  │
  └────┴────┴────┴────┘      └────┴────┴────┴────┘

  檢視企業策略是否能夠有效地被      追蹤經營過程中的關鍵場景，企業
  客戶感知，是否足以形成與競爭      的日常行為是否滿足目標使用者最
  對手差異化的壁壘                  關注的訴求
```

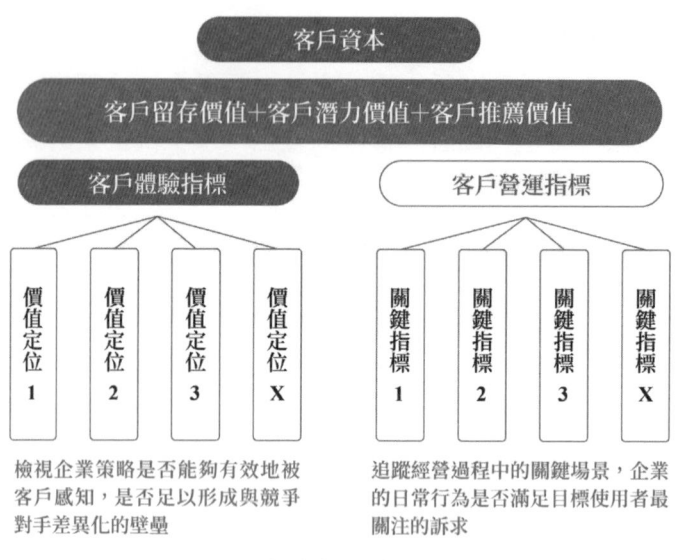

圖 3-2　客戶資本目標管理體系

客戶體驗指標

企業以客戶回饋的主觀評價來進行目標管理由來已久，早期的客戶滿意度（Customer Satisfaction，CS）、客戶費力度（Customer Efforts Score，CES）、客戶體驗情緒評估[18]等均是企業常用的評估指標。2003 年，佛瑞德‧瑞克赫爾德提出「淨推薦值」，這一概念從更直覺的視角，用簡單易懂的衡量方式，以及與財務結果[19]更高的相關性，廣泛應用於企業整體

---

[18] 客戶體驗情緒評估是指在客戶體驗研究中，當使用者與產品或原型互動時，透過工具對客戶的情緒進行一定程度的評估。如自我評測模型（Self-Assessment Manikin，SAM）、PAD 情感模型等。
[19] 如回購率、錢包占比、每人平均單價等財務表現。

的管理指標中,其並非僅僅是單一業務環節(例如客服)的管理工具。淨推薦值透過一道直覺問題來獲得客戶對於企業的主觀評價:您是否願意將「某某公司/產品/服務」推薦給您的親友?根據願意推薦的程度讓客戶在 0～10 之間打分,然後根據得分情況來建立客戶忠誠度的三個範疇。如圖 3-3 所示。

圖 3-3　淨推薦值及其三個範疇

推薦者(得分為 9 或 10 分):具有狂熱忠誠度的人,他們會繼續購買並引薦給其他人。

被動者(得分為 7 或 8 分):整體滿意但並不狂熱,會考慮其他競爭對手的產品。

貶損者(得分在 0～6 分):使用並不滿意或者對該企業沒有忠誠度。

淨推薦值的計算則是將推薦者的比例扣除掉貶損者的比例,獲得一個具體的分值來評估客戶對於該企業的忠誠程度,用公式表示如下:

淨推薦值=(推薦者數/總樣本數)×100%-(貶損者數/總樣本數)×100%

第一部分　客戶資本三角
　　　　——企業為何而戰

　　淨推薦值有效推動了企業對客戶目標體系的重視與理解。例如，華為終端事業群（BG）CEO 余承東曾多次公開表示，華為終端的核心 KPI 就是淨推薦值，這是華為突破高階市場、對標蘋果成功的關鍵；造車新勢力理想汽車的創始人李想在衡量企業舉措是否正確時，也以淨推薦值是否顯著提升作為評價指標之一。抖音電商總裁魏雯雯也表示，在中國國內龍頭林立的電商市場，抖音電商快速且持續的增長祕訣來自其帶來的「正向價值」——讓世界變得更好。舉例來說，商品交易總額（Gross Merchandise Volume，GMV）、日活躍度（Daily Active User，DAU）是電商常用的經營管理指標，然而這兩個指標都不是抖音電商的終極目標，因為這兩項指標即使做好了也不代表能為平臺帶來「正向價值」，只有透過淨推薦值的提升，圍繞使用者全鏈路的滿意程度展開工作，才是長遠發展的基礎。

客戶營運指標

　　客戶營運指標是客戶目標體系中另一個重要構成，相較於主觀的客戶體驗指標存在樣本偏差、資料獲取難度高與波動性大等特點，客戶營運指標的客觀性與及時性為企業提供了一個相對穩定的補充角度。企業每天產生大量的經營資料，但不是每個經營資料都具備客戶屬性，企業需要沿著客戶資本以及策略側重，定義合適的經營指標，以支撐「以客

戶為中心」的企業理念的實現。例如，對於網路平臺而言，廣告雖然是實現收入的重要來源，但低品質的廣告卻是降低客戶留存價值的重要影響因子，因此廣告完整播放率就是一個需要守住的體驗底線。

西貝餐飲為達到菜品「好吃」的企業願景，建立了一個有趣的衡量指標，即退菜率──退菜率必須要控制在1%以內；同時，每家門市都設有一臺紅冰箱，被放在十分顯眼的位置，冰箱裡存放著被客戶投訴的退菜或自檢發現的不合格食材或菜品，透過分析紅冰箱內問題菜品出現問題的原因而找出店內的潛在問題，使餐廳自我審視，獲得更多的進步。很多連鎖餐飲的中央廚房與消費者的喜好常常在企業規模擴張後有所脫鉤，而退菜率反讓西貝在後廚推行全面的精確測量，以確保菜品的受歡迎度。

招商銀行透過策略性的營運指標，將「因您而變」的客戶使命做了一個完整的解讀：招商銀行為了將零售銀行業務作為策略發展重點，在2018年將經營目標從重交易的AUM（資產管理規模），變為重互動的MAU（月活躍客戶），並在當年年報中進一步指出，零售業務將建立以MAU為目標的「北極星」指標，根據不同客戶需求提供差異化的服務，建立分客群服務體系，提高經營能力，促進經營與拓客良性循環的形成。

◁ 第一部分　客戶資本三角
　　　　——企業為何而戰

隨著月活躍客戶顯著提升至較高水準,雖然2020年末資產管理規模被重新提至與月活躍客戶並重的高度,成為行動端升級的核心切入點,但資產管理規模這顆「北極星」造就了招商銀行近幾年來數位管道的飛速成長。「北極星」指標打開了以客戶為中心的道路,在龐大的金融體系之下,成為指引龐大的企業機器完成並固化企業行為的關鍵。如圖3-4所示。

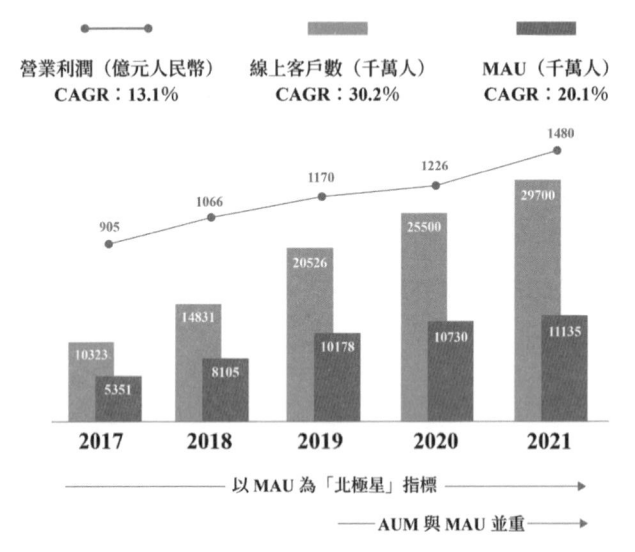

營業利潤（億元人民幣）　CAGR：13.1%
線上客戶數（千萬人）　CAGR：30.2%
MAU（千萬人）　CAGR：20.1%

年份	營業利潤	線上客戶數	MAU
2017	905	10323	5351
2018	1066	14831	8105
2019	1170	20526	10178
2020	1226	25500	10730
2021	1480	29700	11135

———— 以MAU為「北極星」指標 ————
———— AUM與MAU並重 ————

注：1.線上客戶數與MAU為「招商銀行」和「掌上生活」兩大App對應指標的加總
　　2.CAGR：複合年均成長率

圖3-4　招商銀行的「北極星」指標

「客戶導向」無疑是企業經營亙古不變的方向,但面對龐大且複雜的企業機器,僅靠客戶使命無法對企業行為形成

第三章　定義客戶目標

有效的指導。企業因所處業態、外部競爭環境、公司管理機制有所不同，所以在客戶目標的選擇上並沒有唯一的標準答案。本書提出以「客戶資本」為基礎的客戶目標管理體系，提供了企業一個系統性的思考框架──透過客戶資本來評估企業良性利潤的增長，藉由客戶體驗指標以及客戶營運指標來作為客戶目標管理的切入點，將「以客戶為中心」的企業理念具體化，並對企業行為進行規範與引導。誠如彼得·杜拉克提到「目標管理」時所言：企業需要回到管理的本質，以確立客戶目標來有效定義與指引企業發展的路徑與舉措。

第一部分　客戶資本三角
　　　　　——企業爲何而戰

# 第二部分

客戶資本三角路徑層
—— 如何實現

第二部分　客戶資本三角路徑層
　　　　　——如何實現

第四章　客戶旅程分析與規劃

在上一章我們關注了客戶目標的選擇與制定，透過客戶目標體系來打通企業的任督二脈，讓客戶視角能順暢地遊走在企業的每個角落。在指向明確後，我們就要進一步思考如何將目標轉化為策略路徑，將其變成具體的經營舉措，以確保客戶目標有效落地。接下來的兩章將涉及客戶資本三角模型中的第一個策略角——如何實現？即將客戶目標轉化為具體可實施的路徑。

建立客戶策略路徑分為兩步：第一步，在進行路徑規劃前，我們需要先認清客戶現狀——從客戶視角來理解企業經營的現狀，理解企業在客戶眼中的圖景，從客戶視角去重新定義客戶需求、客戶期待、企業表現，以及跟其他競品的差距；第二步，在第一步的基礎上進行客戶全旅程的經營與價值滲入。客戶旅程地圖即一個理解與分析客戶現況的有效管理工具。

客戶旅程地圖

客戶旅程地圖是一種描述客戶在使用產品或者服務時的體驗、主觀反應和感受的方法，它以視覺化的方式直覺地再

第四章　客戶旅程分析與規劃

現客戶與企業品牌、產品或服務產生關係的全過程（而非某一個節點），以及此過程中客戶的需求、體驗和感受。

客戶旅程的設計與應用可以追溯到 1960 年左右，當時與市場行銷和消費者行為相關的開創性理論得到迅速的發展：市場策略翹楚菲利普・科特勒（Philip Kotler）（1967）和消費心理學家傑狄士・謝斯（Jagdish Sheth）（1969）的著作將客戶體驗和決策理解為一套系統流程。他們轉換了過去基於「生產－流通」的企業視角，以客戶為核心角度來重塑經營舉措。這些概括性理論為後續研究客戶旅程管理奠定了基礎。後來學術界在原模型上建構了多管道客戶管理概念，提出了客戶可以透過多管道來實現需求辨識與確認、商品搜尋、購買，再到售後的理論。哥倫比亞商學院教授伯德・H・施密特（Bernd H. Schmitt）在 2003 年所著的《客戶體驗管理》（*Customer Experience Management*）一書中提出了「客戶體驗管理」的概念，他在書中從行銷與管理的視角強調企業需要「策略性地管理客戶對產品或公司全面體驗的過程」。整體而言，這些研究為客戶旅程在業界的應用提供扎實的理論基礎。客戶旅程地圖是一個多元概念，它將客戶與企業之間的關係化為客戶一段時間內與企業互動的「旅程」，貫穿客戶週期的多個接觸點。

客戶旅程地圖不僅僅是旅程地圖最終呈現的結果本身，也包含製作客戶旅程所經歷的過程──企業內各部門的參與

第二部分　客戶資本三角路徑層
　　　　　——如何實現

和認知校準,而這一系列的活動能協助企業轉換客戶視角、建立連續性思考,以及達成跨部門共識,有效「認清」客戶現狀。

轉換客戶視角

要了解客戶現況,第一件事是轉化視角,從「客戶眼中」來看企業。連鎖龍頭 7-Eleven 創始人鈴木敏文曾指出,「讓顧客滿意」和「顧客感到滿意」有根本上的區別。企業不應該是「為顧客」著想,而是要「站在顧客立場上」思考。當我們的認知是「我的目的就是讓顧客滿意」時,「我」就成了主體,當「我」成為主體的時候,就會形成本位的心理狀態,並會基於自身過去的經驗和經歷,形成「如果這樣做的話,就是對顧客有利的」這種思維;「顧客感到滿意」則是將顧客作為主體,怎麼做顧客才會感到滿意?此時,企業需要讓自己與顧客融為一體,將自己視為顧客。如果不能站在顧客的立場上思考問題,就不可能尋找到顧客感到滿意的答案。

以某電信業者為例,筆者曾經在辦理寬頻業務時,被「免費」連結多個手機號碼,雖然服務人員再三強調這些號碼和加值服務是企業提供給客戶的福利,但對大多數本身就擁有固定手機號碼的顧客而言,此類贈送意義不大,甚至多餘號碼帶來的額外處理成本(如致電取消服務)以及對環境的不友善(雖然是小小的塑膠片),反而會讓客戶產生負面感知。

第四章　客戶旅程分析與規劃

這類行為純粹是因為企業需要完成相關任務，而不是從客戶角度提供符合客戶需要的服務。

　　許多企業需要坦承自己從來沒有站在客戶的角度解決商業問題，它們分析問題的層級大多停留在企業內部流程，而不是客戶旅程，它們習慣性地透過設定商業目標來引導職能部門實現生產效率和規模經濟的最大化。傳統的思維視角往往容易受限於現有框架以及部門本位主義的陷阱，無法有效反映出客戶在旅程中的真實需求。而客戶旅程地圖則提供了一個框架來協助企業從客戶視角去思考，做到與客戶共情。

建立連續性思維

　　隨著數位時代的發展，客戶跟企業互動的方式越發多元化，企業不能僅聚焦於單一客戶接觸點的互動，而是需要將視野放在一個整合、端到端的完整過程。客戶旅程地圖的搭建打破了單一接觸點規劃，以客戶所處的階段和場景為單位來分析客戶行為，避免企業內部穀倉效應的發生。

　　讓我們回到上述電信業者的例子。一份調查研究資料顯示，從各個接觸點（如門市、電話客服等）的客戶滿意度回饋中，該企業的客戶滿意度從未低於90%，但它卻面臨著嚴峻的客戶留存問題。有這麼高的客戶滿意度為什麼還會出現大量的客戶流失？隨著進一步分析，發現其客戶滿意度高是由於大多數客戶覺得單次互動（如客服通話、某一次據點訪

◁ 第二部分　客戶資本三角路徑層
▶ 　　　　　——如何實現
◁

問、到府安裝服務等）的服務確實不錯。但實際上，客戶更希望擁有完整且良好的旅程體驗，解決每次互動背後根本性的產品、服務或是流程問題，並非單一的接觸點活動。

舉例來說，該營運商的新客戶寬頻安裝旅程通常需要將近 3 個月，在這一過程中，客戶需要和客服中心以及工作人員進行多次互動，才能完成寬頻安裝的任務。儘管客戶對每次互動的滿意度不低於 90%，但對整個安裝過程的平均滿意度卻下降到了 40%，這說明單一接觸點並沒有問題，但整個新客戶安裝流程卻存在設計上的缺陷。在理解客戶現況時，如果企業採取接觸點導向的思考模式會存在很大盲點，而當企業從整體端到端客戶旅程的視角去思考時，企業才能清楚地意識到，即使服務交付鏈的每一個環節看起來都很完美無瑕，最終整體效果也仍可能截然相反。

達成跨部門共識

企業經營最大的管理成本之一，是在企業內部建立一個共同的語言體系，讓各個部門能夠在溝通中第一時間建立共識。相較於企業常規的財務、營運領域有成熟的語言系統，跟客戶相關的溝通體系則偏向主觀且感性。在很多企業會議中，客戶議題的討論最後往往流於模糊且片面的印象闡述，缺乏真實且客觀地反映客戶現況的描述，導致無法對議題進行科學判斷，以及造成無效率的決策流程。客戶旅程地圖提

供了一個客觀的方式來協助部門間統一對客戶的溝通語言，建立決策共識。

客戶旅程地圖的應用不僅僅存在於商業環境之中。2021年，美國白宮簽發了《總統管理議程》(*PMA*[20])這份文件，其中明確了三項策略優先事項：像運作企業一樣管理政府事務，賦能和提升美國聯邦政府的雇員體驗，提供卓越的公共服務和客戶體驗。部門孤島和壁壘的存在，導致民眾花了大量的時間重複填寫文件，在不同的部門之間來回奔波。政府部門需要從一般民眾的角度來審視現有流程，發現跨部門服務存在的障礙，改進重點部門的服務設計。而客戶旅程地圖繪製的工作規範也已經出現在 PMA 官方網站上，作為匯入客戶視角以及協同部門一致性的重要工具。

客戶旅程地圖規劃

客戶旅程地圖規劃的核心是視覺化客戶行為，幫助企業更好地了解客戶現況。根據使用目的不同，客戶旅程地圖的呈現也會有所差異，但核心的構成要素大同小異，本節將從角色(Persona)、旅程階段(Stage)、場景(Scenario)、接觸點與行為(Behavior)、驅動要素(Driving Factor)五個不同層次來對客戶旅程地圖進行分析。如圖 4-1 所示。

---

[20] PMA：The President's Management Agenda，總統管理議程。

第二部分　客戶資本三角路徑層
——如何實現

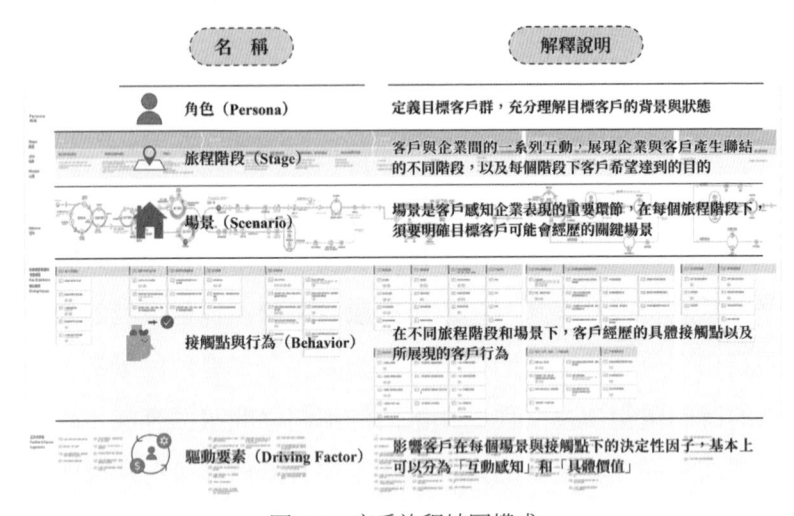

名　稱	解釋說明
角色（Persona）	定義目標客戶群，充分理解目標客戶的背景與狀態
旅程階段（Stage）	客戶與企業間的一系列互動，展現企業與客戶產生聯結的不同階段，以及每個階段下客戶希望達到的目的
場景（Scenario）	場景是客戶感知企業表現的重要環節，在每個旅程階段下，須要明確目標客戶可能會經歷的關鍵場景
接觸點與行為（Behavior）	在不同旅程階段和場景下，客戶經歷的具體接觸點以及所展現的客戶行為
驅動要素（Driving Factor）	影響客戶在每個場景與接觸點下的決定性因子，基本上可以分為「互動感知」和「具體價值」

圖 4-1　客戶旅程地圖構成

角色：要建立客戶旅程地圖，首先要對目標客戶有一個清晰的了解。彼得‧杜拉克說過，以客戶為中心的前提是，我們要先搞清楚誰是我們的客戶，誰又決定著我們企業未來的發展。在理想情況下，企業可以根據每個客戶的確切需求和願望建立客製活動，但這種個性化服務在策略規劃階段是不太可能的；因此，不要試圖讓每個人都滿意，而是要從定義最重要的目標客戶群開始，分析這些特定客戶的預期與需求。隨著客戶旅程工具的逐漸成熟以及數位化工具的協助，企業可以進一步擴展客戶旅程地圖對不同人群的涵蓋，或是在某一個場景與接觸點中進行更多個性化的定義。

旅程階段：客戶不會平白無故與品牌產生連繫，客戶旅程

第四章　客戶旅程分析與規劃

是客戶為了達到某個目的，在各個階段與企業進行的一系列互動。透過客戶旅程地圖，企業需要明確可能與客戶產生聯結的階段，以及每階段下客戶的目標。通用的旅程階段可以分為發現、交易、上手、使用、精通、糾錯和傳播七個環節，這些旅程階段的發生不一定是線型的，而是有可能跳躍或是出現反覆。

場景：在每個旅程階段下需要明確具體客戶可能經歷過的場景，例如在交易階段就可以包含形成競品清單決策、比較和下決定的時刻，以及購買與交付體驗等。例如，對於手機產品而言，日常使用可能就會涵蓋日常通話、辦公開會、影視娛樂、拍照攝影等。場景是客戶具體感知品牌表現與企業間差異化的重要因子，我們需要充分了解與定義關鍵場景下客戶的背景與需求，以及需要完成的目標與期待。

接觸點與行為：在不同的階段和場景下，我們可以進一步明確不同的客戶接觸點以及具體的客戶行為。隨著網路技術的快速發展，數位接觸點的數量與重要性與日俱增。知名調查研究機構 Counterpoint Research 公布的資料顯示，截至 2022 年，中國手機滲透率已經達 84%。其中，線上購物比例達 78.9%，行動支付比例達 73.4%，68% 的城市網路使用者會定期在品牌的官方網站上閱讀評分和評論，而數位與實體接觸點間融合的行為（例如透過 App 來控制產品使用，藉由掃描線下商品來尋找類似商品或進行比價）也變成旅程中越

第二部分　客戶資本三角路徑層
　　　　　——如何實現

來越常見的場景。客戶在旅程中可能會與各類接觸點進行互動，根據行業性質或客戶的自身偏好，不同接觸點類別的重要性在旅程不同階段中可能會有所差異。

驅動要素：是指影響客戶在每個場景與接觸點下體驗的決定性因子。根據顧客從表象到本質的需求，他們的體驗要素有兩個層次，分別是「互動感知」及「內心價值」。越表象的需求波動將越大，反之則趨向穩定。根據不同商業目標，企業需要探究的深度也有所不同，追求短期速贏可著重於「互動感知」，針對表層要素進行最佳化。以治病為例，就是腳痛醫腳、頭痛醫頭的道理。至於中長期最佳化或是創新則須深入本質，如顧客期待、核心價值，據此進行策略路徑設計才是根本之道。如同治病，找到真正的病灶所在再對症下藥，才是治癒的良方。

以某瀏覽器 App 為例，廣告一直是該 App 進行商業變現的重要方式，然而層出不窮且設計不當的廣告往往是眾多網路公司以透支長期客戶價值來獲取短期利益的常見做法。如圖 4-2 所示。從圖中的分析可得知，若無法有效改善廣告體驗因子，該 App 將會面臨顯著客戶流失的風險，因此，最佳化廣告體驗是有效改善客戶具體感知的短期速贏舉措。然而，如果要能有效地提升客戶黏性（如活躍度、使用時長和深度），並創造更大的商業機會（如會員付費、重複購買、推薦），則需要回歸客戶的關鍵訴求──在資訊流環節，提供精準、豐富、及時且有價值的資訊內容。

第四章　客戶旅程分析與規劃

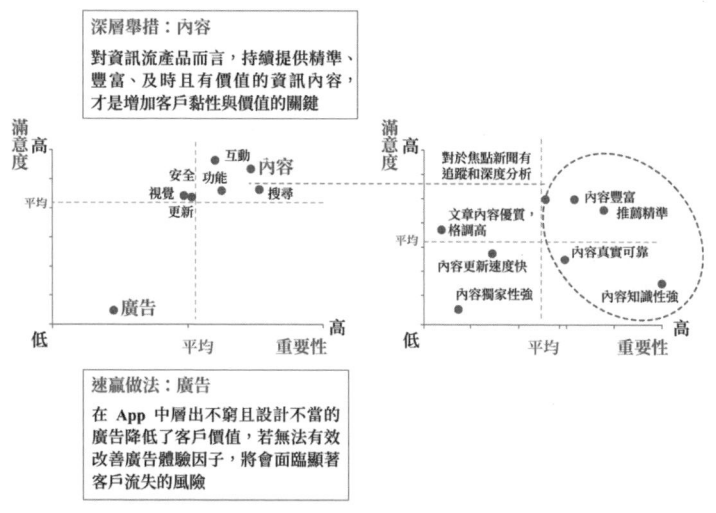

圖 4-2　以某瀏覽器 App 為例的驅動要素分析

客戶現況分析

　　客戶旅程地圖是協助企業進行客戶現況分析的工具，既非目標也非結果，因此，如何有效地解讀與運用客戶旅程地圖是一項關鍵性的工作。透過客戶旅程地圖，企業可以獲得不同旅程階段下目標客戶的期待、情緒、痛點、對企業的認知，以及相較於競品本企業的優勢與短處。在此基礎上，企業可以建立一個有效的客戶分析圖譜。

　　客戶現況分析需要結合客戶需求、競爭態勢、策略方向，對企業目前所處的定位與表現進行完整的解讀。因此，客戶現況分析經常會跟策略規劃與品牌行銷經營決策結合在

◁ 第二部分　客戶資本三角路徑層
▶　　　　　——如何實現
◁

一起。有些企業會進一步設立客戶旅程經理（Customer Journey Manager，CJM）的職位來負責客戶旅程分析與管理。以下我們就從過去的經驗中，提煉出來幾個在客戶現狀分析中需要深入思考的關鍵點。

重視客戶的感性因子

我們在做客戶現況分析時，會觸及很多客戶關注的驅動要素，但我們發現，很多企業僅僅只定義理性層面的因子，例如零售門市的陳列、銷售人員的態度、售後服務的形式等等。這些顯性因子固然會直接影響客戶的感知與行為，但更多觸及的是客戶認知的基礎因子，僅僅是企業進入市場競爭的入場券。客戶旅程中的感性因子也是客戶現況分析中的關鍵構成部分，如何有效地挖掘感性因子往往是企業建立差異化競爭的關鍵。

以工業品電商獨角獸震坤行為例，在眾多 B2B 企業當中，震坤行以數位化形式為企業提供一條龍式工業品採購與管理服務，實現了工業品供應鏈的透明、高效、低成本。該企業堅持以成就客戶為導向，迅速成為工業品電商 MRO[21] 採購的領跑者。對工業品採購而言，MRO 是一塊單位金額不高但十分繁雜的採購業務，採購過程中往往由不同人員完成需求收集、下單、稽核、收貨、使用、對帳等步驟，採購角色在其中承擔著大量協調的工作，因此，「省心省力」就成為

---

[21]　MRO：Maintenance Repair and Operations，維護、維修和營運。

第四章　客戶旅程分析與規劃

企業採購職位在 MRO 採購過程中的「剛性需求」。震坤行在服務客戶的過程當中，除了要滿足客戶對產品、價格等採購基本訴求外，還不斷深化採購過程中的數位化工具與加值服務，例如透過 API（Application Programming Interface，應用程式介面）讓使用單位能線上下單，進行需求整合、在工廠廠房設定自動補貨的智慧型倉儲、為大客戶提供標準物料清單等，從而降低採購角色在其中斡旋的難度和精力消耗，而這種在採購基本訴求之上的感性需求滿足能力，即成為震坤行創造客戶價值並與客戶建立持續性合作的核心基礎。

「被看見」則是企業內部採購職位的另一個感性訴求。在龐大的企業組織中，採購往往處於支持的地位，甚至時常扮演吃力不討好的角色。因此，採購人員除了要完成本職職能之外，也渴望著在組織中能夠「被看見」──創造更多的存在感與正向價值。中國某個領先配餐供應商即在這個關鍵點投入不少精力。例如，他們在服務幼兒園餐食時，會提供幼兒園當天食材介紹，透過社群平臺、線下公布欄、校車接送點等管道傳遞給家長、其他老師以及幼兒園管理階層，透過「食品營養與安全」這個關注點，讓利益相關人知道採購在餐食準備上的用心。

不論是 B 端還是 C 端企業，從客戶旅程地圖中找到目標角色的感性因子，往往是企業尋求突破、找到差異化競爭優勢的關鍵所在。

第二部分　客戶資本三角路徑層
——如何實現

定義關鍵時刻

關鍵時刻（Moments of Truth，MOT）這個概念是由1980年代瑞典著名企業家詹‧卡爾森（Jan Carlzon）提出的。他曾任瑞典最大的旅行社平安旅行社、瑞典著名航空公司靈恩航空公司總裁，並幫助這兩家企業從瀕臨破產轉為高額盈利；他還在一年內使鉅額虧損的北歐航空公司成為全球利潤最高的航空公司之一。其中的祕訣，就是他掌握了客戶旅程中的關鍵時刻。詹‧卡爾森認為，北歐航空公司一年運載1,000萬名乘客，平均每人接觸5名工作人員，每次15秒鐘，總共產生了5,000萬次客戶對航空公司的「印象」，而這5,000萬次的「關鍵時刻」決定了公司的成敗。

詹‧卡爾森提出的關鍵時刻聚焦於客戶與企業第一線人員的互動體驗，企業第一線人員盡可能掌握每一次跟客戶接觸的機會（Micro-moment）。而隨著客戶與企業的互動越來越複雜，影響客戶感知的因子也不計其數。在企業資源有限的前提下，企業在進行客戶現況分析時，更需要確認其中的「關鍵時刻」，打造客戶的獨特記憶點，進一步聚焦於客戶的關鍵議題。

在很多案例中，我們發現一些飯店或零售商店的體驗雖然很好，但是顧客轉過身便會忘記它們。為什麼？因為在整個客戶旅程中，飯店或零售商店沒有讓他們留下獨特的記憶點。體驗行銷當中有個很重要的法則叫做「粉碎品牌」原則，

即把品牌的所有 Logo、廣告、傳播全部取消，等下次消費者再進這個品牌的店消費時，能不能回憶、辨識出來是哪個品牌。如果可以，那麼這個客戶體驗才可以說具有強而有力的辨識感。以冰雪皇后霜淇淋（Dairy Queen，DQ）為例，客人也許去過很多超市、零售商店吃霜淇淋，但是只有 DQ 的服務人員會做一個動作——就是把霜淇淋交給客人之時，把它倒立起來，以強調這個霜淇淋的黏稠、品質好，這個動作，便是 DQ 為客戶旅程打造的一個很重要的獨特記憶點。

關鍵時刻的延伸則是很多人耳熟能詳的「峰終定律」。2002 年的諾貝爾經濟學獎得主丹尼爾·康納曼提出的峰終定律指出，消費者會以「最高」、「最低」、「最終」這三個情緒瞬間作為客戶旅程中自我認知的總結，其他的則都不會記得。所謂「峰終」，是指體驗記憶是由峰值（情緒到達某一極點，可以是正面的，也可以是負面的）與終值（結束時的感覺）決定的。如圖 4-3 所示。

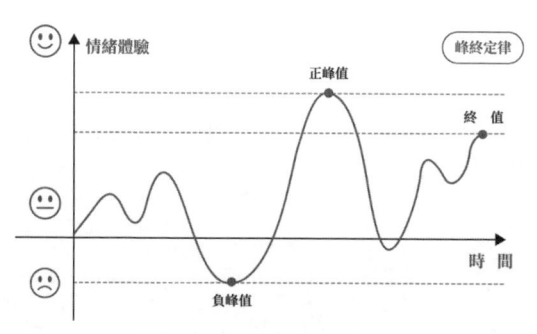

圖 4-3　峰終定律示意圖

第二部分　客戶資本三角路徑層
　　　　　——如何實現

　　在現實生活中，峰終定律的應用不勝列舉：許多演出在結束前有「安可」環節[22]，樂隊在原有的演唱曲目之外會再次返回舞臺，演唱觀眾最喜歡或是最經典的歌曲，讓觀眾能夠對演出留下最好的印象；IKEA 在出口處僅售人民幣 1 元的甜筒，好市多在結帳區旁的美食區（人民幣 39.9 元的烤雞以及物美價廉的披薩或熱狗），那是客戶在完成採購任務、結束疲憊購物後的放鬆時間，留下了美好的回憶。

亞朵服務方法論

透過接觸點細滑顆粒度

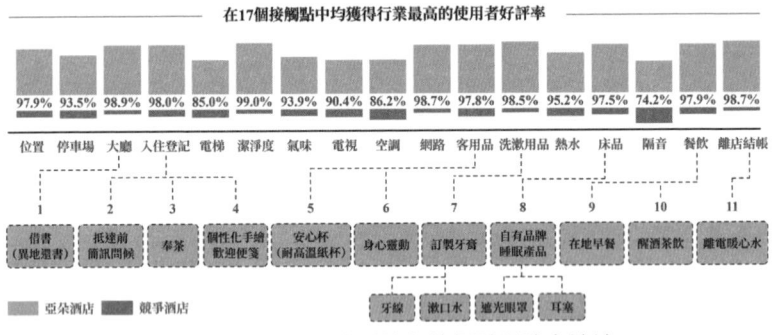

在17個接觸點中均獲得行業最高的使用者好評率

接觸點	1 位置	停車場	2 大廳	入住登記	3 電梯	潔淨度	4 氣味	電視	5 空調	網路	6 客用品	洗漱用品	7 熱食	床品	8 隔音	9 餐飲	10 酒店結帳	11
好評率	97.9%	93.5%	98.9%	98.0%	85.0%	99.0%	93.9%	90.4%	86.2%	98.7%	97.8%	98.5%	95.2%	97.5%	74.2%	97.9%	98.7%	

亞朵特色：借書（異地還書）、抵達前簡訊問候、奉茶、個性化手寫歡迎便箋、安心杯（耐高溫紙杯）、身心靈ански、訂製牙膏、自有品牌睡眠產品、在地早餐、釀酒茶飲、離電暖心水、牙線、漱口水、遮光眼罩、耳塞

■ 亞朵酒店　■ 競爭酒店

圖 4-4　亞朵酒店客戶旅程接觸點服務方法論

　　中國酒店業的新物種亞朵酒店深諳峰終定律。亞朵將客戶旅程中的服務細化為 17 個接觸點來進行精細化管理以及營運，

---

[22]「安可」是法語單字 encore 的音譯，英文意思是 again，中文意思是「再來一個」。在音樂演出中，「安可」環節通常在演出結束前，是演出完結的突然感和黯然離場之間的過渡階段、潤滑劑和道別。在這個環節，表演者會再演唱一首歌曲，通常是表演者作品中和離別有關的作品或者相對安靜的歌曲。這個環節也是觀眾表達對表演的喜愛和讚賞的方式，他們透過呼喊「安可」，邀請喜歡的歌手再演唱一首歌曲。

孕育出四、五十個服務產品：在初見環節，亞朵設計了奉茶服務，在客人旅途疲憊進入酒店時，酒店會雙手遞上一杯 70℃、亞朵村專供的溫茶給顧客，以消除旅途帶給顧客的浮躁及疲累；在早餐環節，亞朵設計了在地早餐產品，根據不同地域設計當地特色的早餐，如果顧客急著出門來不及吃早餐，酒店會打包好供客戶在路上享用，為客戶創造峰值體驗；最後，亞朵在每個客戶退房後會送上礦泉水，每個酒店都有一個保溫箱，裡面的水都是 40℃左右，確保秋冬季節水是溫熱的，延伸退房時就戛然而止的服務，讓客戶感受到離店的溫暖。如圖 4-4[23] 所示。

充分融合企業策略定位

在客戶現況的洞察與分析過程中，企業可以發現許多客戶旅程中的「體驗波谷」，而大部分企業持有「體驗波谷不好，必須消除」的信念。然而，擁有高峰的代價是允許有谷底，不是每個波谷都是不具備價值的，有意義的谷底應該被允許。有些人將這種波谷誤解為產生客戶痛點，其實不然，讓我們用一個重要的概念 —— 價值交換 —— 來解釋這一點：用捨棄非關鍵的旅程接觸點來鞏固核心的客戶價值，這是在為客戶創造價值。

筆者曾協助某市場領先的高級選品百貨從客戶視角來進行轉型。該企業在過去 10 年中飽受電商平臺的衝擊，實體門市銷售量直線下降，為應對此情形，管理階層決定做數位化

---

[23] 引自亞朵酒店創始人王海軍於「混沌學園」的分享。

第二部分　客戶資本三角路徑層
　　　　　——如何實現

轉型，思考如何與電商平臺競爭。為了跟上數位化轉型的趨勢，該企業投入了相當多的資源發展新零售，在客戶旅程的規劃中，針對商品數量、退換貨、結帳速度、運送服務等接觸點花了很多資源，以期望能夠擁有和電商相當的競爭力，尤其是在倉儲及物流系統的建立上；管理階層認為客戶越快收到商品，會越開心、越少抱怨，自然更願意購買。

　　然而，根據倍比拓的客戶現狀研究，我們發現該高級選品百貨的數位策略布局，包含倉儲、配送以及結帳環節的表現提升，對於留住他們目標客戶群的影響皆很有限。他們的目標客戶和電商聚焦的消費人群並非同一類，這類消費者前往該零售商的理由是因為逛街樂趣，而不僅是購買物品，更重要的是追求整個體驗過程。例如，在門市購物時，他們更注重在體驗過程中所獲得的流行趨勢，這也是為什麼搭配靈感體驗在消費者眼中排在第一位（見圖 4-5）。

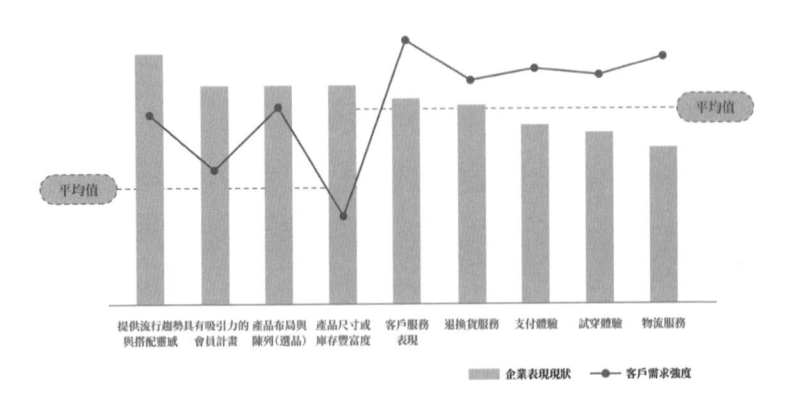

圖 4-5　關鍵客戶需求分析

第四章　客戶旅程分析與規劃

由此可見，百貨門市內服飾的擺放、類別的設定、逛購的動線，以及數位管道能否提供新一季的穿衣靈感、會員計畫是否有涵蓋到顧客及身邊族群、產品供給的獨特性是否令顧客滿意（包括能否提供最新一季的服裝、獨特的聯名款等）才是該客戶旅程中的重要接觸點。如果經營者忽視了目標客戶真正在意的價值，將數位化轉型的資源投入在弭平眼前的客戶體驗谷底，解決目標客戶不在意的旅程環節，很有可能除了無法面對電商的競爭外，還會加速原先核心客戶的流失。對於高消費力族群來說，比起更快地收到商品，他們更在意該經營者是否能引領他們走在時尚潮流尖端、提供的產品能否拓展他們的眼界、提供的服務是否「尊重他們的時間與金錢」等核心策略價值。

客戶旅程必須與企業的策略定位充分融合才能發揮其有效性，企業需要非常清醒地把持著「價值交換」的原則，而並不是以滿足客戶的「所有需求」為核心。

春秋航空是中國第一家真正意義上的低成本航空公司，這家企業奉行「低成本、高品質服務」的觀念。如果把春秋航空的客戶旅程展開來看，我們可以發現許多客戶需求並未被有效地滿足，包括班機選擇的時段不友善、登機報到櫃檯少且大排長龍、機票銷售與辦理登機手續以線上及自助櫃檯為主、機場往往是城市中的次要機場、租賃距離較遠的登機口以及不提供機上免費餐食等。春秋航空把無免費行李額、遠登機口、無免費餐食等體驗谷底和機票的價格進行價值交換，為客戶爭取來

◁ 第二部分　客戶資本三角路徑層
▶ 　　　　　——如何實現
◁

最低的購票價格，為客戶帶來最大程度的高峰經驗。

　　IKEA 每年在全球不同國家和地區都會進行客戶滿意度追蹤，每年的客戶回饋都有對 IKEA 產品品質參差不齊和到府安裝服務不滿意等相關問題，但 IKEA 並沒有針對這些客戶體驗的谷底點進行改進，而是一如既往地把資源投入在極致 CP 值這個高峰點上 —— 在保障合理價格的基礎上再談品質和設計，這也是為什麼 IKEA 這麼多年人氣不減的關鍵之處。

　　「壽司之神」小野二郎[24]創辦的數寄屋橋次郎壽司店有許多波谷：不接受散客、必須提前幾個月預訂、店面位於辦公樓的地下室、木製櫃檯非常普通、整個餐廳只有 10 張桌子、沒有菜單可供選擇、用餐時間非常有限、價格高昂等等，但該店會集中所有資源為客戶製作世界上最好的壽司。

　　回到客戶資本三角，要有效回答如何實現客戶資本的第一前提，就是應該對我們現在所處的客戶現況了然於胸，了解「客戶心中」和「企業眼中」所存在的差異。客戶旅程地圖作為客戶現狀分析的基礎工具，是建立客戶策略路徑的錨點 —— 幫助企業從完整視角與不同站位透視客戶需求，了解企業在市場上相較於競爭對手的表現水準，打破「穀倉效應」並形成部門間共識，爭取實現客戶資本增值，並成為客戶策略選擇的有利條件。

---

[24]　小野二郎被譽為「日本壽司第一人」，紀錄片《壽司之神》的主角，也是全世界年紀最大的米其林三星主廚。

第五章　客戶策略的契合路徑

在上一章，我們談論了從客戶視角來理解企業現狀是客戶資本三角的基礎，是建立策略路徑規劃的錨點，能夠確保企業內部在客戶策略規劃中能擁有共同的語言。在此基礎上，如何將現況（AS-IS）與目標（TO-BE）進行有效契合，形成策略選項來指導企業的資源規劃，則是策略路徑規劃的關鍵。如圖 5-1 所示。

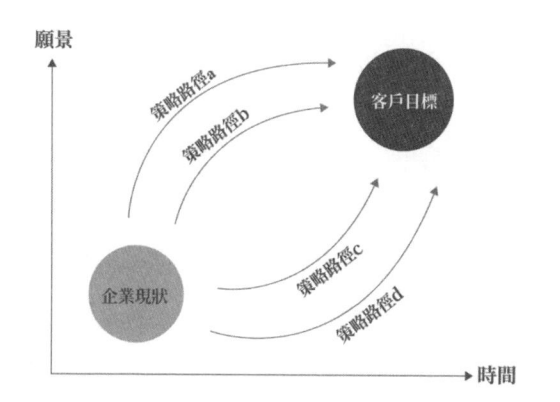

圖 5-1　客戶策略路徑選擇示意圖

如何建構客戶策略路徑，首先我們需要先了解建立客戶策略可能的構成要素。羅藍·T·洛斯特教授在《顧客資產管理》一書中提到「價值」、「品牌」、「關係」三個不同變數，對建立客戶策略的構成要素做出了清楚的定義與說明。

第二部分　客戶資本三角路徑層
　　　　　——如何實現

「價值」要素是顧客對企業產品與服務效用的客觀估價。價值是顧客和公司關係的基礎，如果公司無法滿足顧客的核心需求，那麼即使再好的品牌與行銷策略以及再緊密的顧客關係也無法彌補價值上的缺失。其中，品質、價格和便利是三個影響價值要素的關鍵因子。

品質是公司提供給客戶在物質與非物質方面的產品和服務。如順豐快遞、美國聯邦快遞以高品質的快遞服務建立了其在市場上的話語權與影響力，麗思卡爾頓酒店以其無微不至的客戶服務，常年是飯店業的服務標竿。價格代表企業能夠影響顧客「放棄什麼」，作為後者換取低廉價格的代價。如中國連鎖咖啡品牌瑞幸咖啡把價格作為市場競爭的主要工具，但在門市位置與空間、產品精緻度上（如食品多是冷凍、無法現場加熱）做出一定的妥協。便利則是企業透過價值提供，降低顧客在達到其目的過程中所耗費的成本和精力。如披薩外送店達美樂以承諾外送服務30分鐘必達，讓顧客為便利買單。在「顧客資產管理」中，品質、價格和便利代表了企業培育價值要素的三個思考角度，是企業市場競爭的基礎。

「品牌」要素是顧客對公司和公司所提供的產品和服務沉澱之後所形成的主觀評價，透過形象和意義建構起來。羅藍．T．洛斯特教授進一步定義了顧客資產中的具體因子：品牌意識、品牌態度和公司道德。

品牌意識主要是企業透過行銷方式來影響市場對企業的

第五章　客戶策略的契合路徑

熟悉度，進而影響消費者的偏好與決策。例如，醫藥公司對處方藥進行媒體宣傳是為了建立品牌意識，鼓勵病人向醫生指名購買。品牌態度（品牌聯想）則是衡量企業與顧客情感紐帶的緊密程度，企業在客戶心目中存在的印象，例如 NIKE 的品牌理念：NIKE 把每一個人都視為運動員，「Just Do It」（儘管去做）充分反映了運動和挑戰精神，鼓勵客戶不斷地嘗試與突破。公司道德則是公司為了提升市場好感度所採取的行動，諸如社會捐贈或贊助活動、員工福利、ESG 等。儘管品牌的概念較為廣泛，但在顧客資產管理中，品牌要素主要是由品牌意識、品牌態度和公司道德這三個因子所構成。

「關係」要素代表顧客對自己與企業間關聯強弱的評價。顧客與企業的關聯從經濟體系中的以商品和交易為主，逐漸轉變成以服務與關係為導向。因此，僅僅擁有「價格」和「品牌」要素還不足以維繫顧客，「關係」也扮演著關鍵的角色，尤其是在接觸點豐富的網路時代。關係要素被定義為企業為提升顧客與企業關聯所採取的一系列行動，從傳統忠誠度計畫、加值服務，到網路環節中常見的顧客經營、私域流量管理等，目的是提升企業與顧客的緊密度，減少了顧客流失，提高顧客重複購買的可能性，最大化顧客的終身價值。

結合筆者的諮詢經驗和對消費者的理解，以及企業與顧客關係在外部趨勢上的變化（如存量市場競爭、行動網路興起等），我們對羅藍・T・洛斯特教授的客戶策略要素做了進

◁▷ 第二部分　客戶資本三角路徑層
　　　　　——如何實現

一步的分析與定義：策略要素主要由企業所提供的產品與核心服務構成，形成了客戶價值裡最底層的合作邏輯與保障；品牌要素則更突出品牌態度（品牌聯想），作為市場無差異競爭下突破客戶心智的工具；關係要素則可以理解為加值服務與接觸點體驗，用來降低企業與客戶互動過程中的摩擦力，並持續提升客戶黏性，建立客戶關係。

綜上所述，創造客戶價值的策略要素由「品牌理念」、「產品感知」、「服務內涵」、「接觸點設計」構成，而客戶策略路徑則是根據企業的客戶現況，對價值要素進行有效的組合管理。大多數公司資源有限，只能在品牌、產品、服務、接觸點要素之間尋求平衡，根據市場競爭中的差異化定位，建立一條符合企業自身發展的策略路徑，以實現客戶價值最大化的策略目標。如圖 5-2 所示。

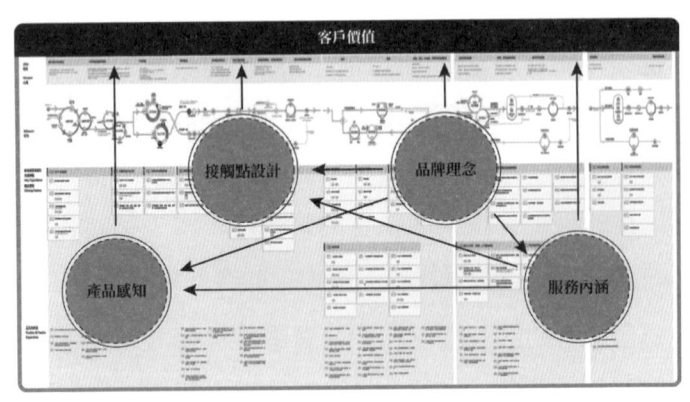

圖 5-2　客戶策略構成要素（筆者諮詢案例範例）

第五章　客戶策略的契合路徑

路徑一：滲透客戶旅程的品牌理念

　　第一條客戶策略路徑的規劃著重於品牌理念在客戶旅程中的滲透。傳統的品牌關注點更多集中在行銷環節，透過大量的市場手法來搶占客戶心智。面對數位化趨勢，許多企業也僅僅是改變了行銷的媒體組合與投放形式。然而在客戶時代，品牌理念需要透過全旅程的滲透才有辦法兌現自己的品牌承諾，建立「品牌化體驗」（Branded Experience）。當一個品牌反覆、一致地兌現其品牌承諾時，它就會驅動品牌的差異化，贏得客戶忠誠度，並獲得客戶價值的提升；反之，當一個品牌做出許多承諾或試圖滿足很多種客戶需求時，資源就會被稀釋，客戶的情感曲線變得平坦，愉悅的高峰也顯得微不足道，體驗後就被遺忘，品牌被同質化。

　　傑出的品牌選擇了不同的道路，他們選擇客戶的一些關鍵需求作為他們的品牌承諾，將資源集中在這些承諾上，這樣的客戶旅程令人難忘，從而實現了品牌的差異化。比如，星野集團的虹夕諾雅提供極致且在地化的體驗，春秋航空提供最便宜的機票，而BMW則提供「終極駕駛機器」，星巴克創造了「第三空間」。這些非凡品牌都有動態的情感曲線。

　　提到品牌化體驗，1980、1990年代興起的運動品牌NIKE，即透過品牌要素建立起在體育世界中屹立不倒的地位，其品牌市值在2023年達1,800億美元，遠超其他同類

◁ 第二部分　客戶資本三角路徑層
▶　　　　　——如何實現
◁

型的競爭對手。NIKE 在 Instagram 上擁有 2.6 億粉絲，這樣驚人的粉絲數量不禁讓人發問，NIKE 明明賣的是差異化極低的球鞋和衣服，而最熱賣的 AJ 系列甚至採用的是 20 年前的技術，有無數其他工廠可以製造出類似甚至品質更好的產品，但為什麼無數粉絲卻只認同 NIKE 呢？究其原因，很大一部分來自 NIKE 在品牌上的價值滲透。

NIKE 的圈粉實力，讓我們開始重新思考客戶和品牌之間的關係：真正對一家企業最忠誠的超級粉絲，通常已經超出了對產品及服務本身的喜好，而是會最大程度地認同一家企業的品牌價值觀。NIKE 的廣告本身很少介紹產品本身，常常是傳遞運動的核心「態度」，並在客戶旅程中每一個接觸點傳遞品牌的核心理念，其品牌價值觀已經滲透了產品、銷售及服務各個旅程環節，從這些環節上可以找出讓客戶留下深刻印象的「精彩時刻」體驗感受，讓品牌力貫穿全程。

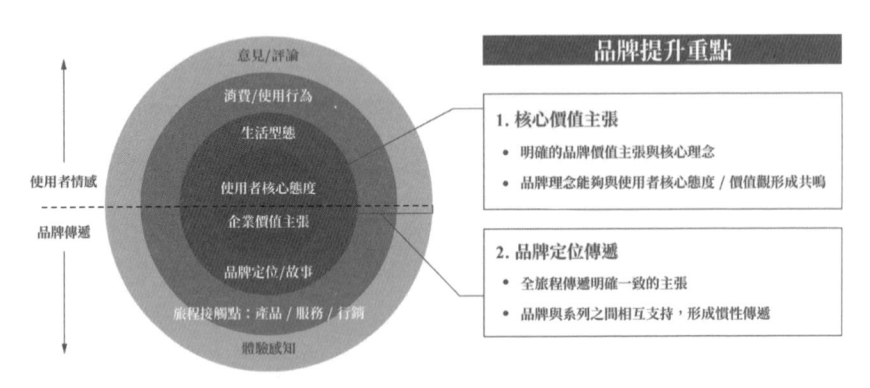

圖 5-3　品牌的核心主張及其傳遞

品牌化體驗的第一個重點就是需要清楚明確的價值主張與核心理念,並且能夠與使用者核心態度或價值觀產生共鳴。有了核心主張之後,企業才能在客戶的全旅程和各個產品系列之間進行連貫一致的理念傳遞。如圖 5-3 所示。

NIKE 在官網上展示了自身鮮明的品牌主張:NIKE 把每一個人都視為運動員,為世界上每一位運動員帶來激勵與創新,「Just Do It」充分反映了運動和挑戰精神,鼓勵人們不斷地嘗試與突破,形成了「激勵」、「創新」、「客製」的核心價值主張。

品牌主張賦予了品牌個性和特色,告訴客戶為什麼他們應該選擇你而不是你的競爭對手,決定了你能否走進客戶的意識和情感。在到處都是鋪天蓋地的廣告的今天,許多企業反而沒能讓自己的品牌核心價值主張突顯出來。你的品牌存在的使命是什麼?為什麼是你來做而不是其他企業?這些資訊必須要讓客戶理解。少了核心品牌價值觀,企業塑造的旅程體驗是沒有靈魂的,也難以引起客戶共鳴。

有了強而有力的品牌主張,企業需要有計畫地在各個環節層層滲透(見圖 5-4),共同傳遞一致的資訊。仍以 NIKE 為例,在每一段客戶旅程中,均可以看到融入品牌主張的痕跡,而隨著網路的普及,NIKE 近年來更是透過數位來強化 DTC 的布局,以數位、線上到線下的服務為先導,在售前、售中、售後的過程中打造無縫的品牌體驗。

第二部分　客戶資本三角路徑層
　　　　　——如何實現

品牌核心價值

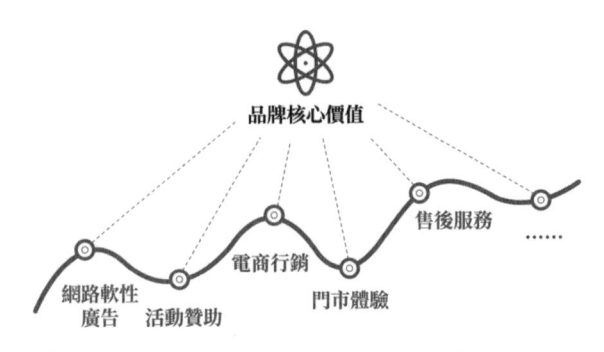

網路軟性廣告　活動贊助　電商行銷　門市體驗　售後服務　……

圖 5-4　品牌價值的全旅程傳遞

售前體驗：即使不是 NIKE 產品的使用者，也可能聽說過 NIKE 創始人菲爾‧奈特（Phil Knight）的創業故事，或是看到過 NIKE 投入大量的資源援建、翻新籃球場。2020 年，NIKE 更是在中國啟動舊鞋回收計畫，向全國消費者回收至少 50,000 雙 NIKE 舊鞋。NIKE 將用這些回收鞋經過 Nike Grind 技術製作成橡膠顆粒後建籃球場，幫助孩子們從疫情的影響中逐漸恢復，激勵他們重拾運動的快樂和自信的力量。潛在使用者可能沒有 NIKE 產品的體驗，但是卻能透過一系列跟 NIKE 品牌相關的事件進行第一印象的認知。

售中體驗：在消費者購買產品的過程中，NIKE 滿足了客戶當設計師的願望，透過 NIKEiD 讓客戶自己設計獨一無二的客製化 NIKE 鞋。2018 年，NIKE 首家創新之家（House of Innovation）──Nike 上海 101 正式開幕，透過體驗式的環境設計，融合數位化能力，將 NIKE 的頂尖產品和服務帶給消費者，同時也驅動了運動零售的轉型。

第五章　客戶策略的契合路徑

售後體驗：消費者購買 NIKE 產品成為使用者之後，透過 Nike Training Club（NTC）App，可以享受專屬的客製訓練計畫，無論是在設備齊全的健身房還是舒適的家中鍛鍊，NTC 均可為其精選適合的日常訓練，助力達到健身目標。[25]

NIKE 在客戶旅程的每一個環節都在傳遞它的核心價值觀，從廣告贊助、零售服務、數位化布局到線下活動等等，都圍繞著激勵、客製、創新而進行，因此，即使它賣的是差異化極低的球鞋和衣服，也能獲得無數粉絲對品牌的認同。

唯有有了自己的核心價值觀，品牌才能具備強大的品牌力，才能知道要向客戶傳遞什麼資訊，之後回顧客戶旅程，不管是銷售、產品還是服務，企業要在每一個接觸點打造可以傳遞企業品牌理念的體驗，這樣才會形成相關的品牌標籤，最終收穫一群真正認同企業的核心客戶。

路徑二：客戶融入的產品實力

一般而言，產品表現的好壞是創造客戶價值最直接的驅動力，產品本身是企業與客戶建立商業關係的樞紐，是客戶對企業形成主體感知的根本，往往也是其他影響要素（如品牌、服務、接觸點等）構成的核心載體。在過去，產品完全都是由企業單向定義，隨著企業的規模日益擴增，前端的客

---

[25] 自 2022 年 6 月開始，NIKE 針對中國市場發展整體數位生態轉型，暫停了 Nike Training Club（NTC）App 對中國市場的服務。

第二部分　客戶資本三角路徑層
　　　　　——如何實現

戶聲音往往無法有效地回饋到產品研發、製造環節；與此同時，許多優秀的產品概念與設計也在龐雜的供應鏈與銷售體系中無法很好地傳遞給客戶，雙向鏈路均出現了顯著的斷層，導致客戶對產品的感知不佳，降低了整體客戶價值。

談及客戶導向的產品創新就離不開客戶參與（Customer Engagement）這個概念；自 2000 年以來，「參與」（Engagement）一詞被廣泛應用於心理學、行為學、社會學以及管理學當中。簡單來說，我們可以把客戶參與理解為品牌與客戶之間的溝通和互動，讓客戶進入到產品的設計、行銷、服務之中，讓商業模式更具趣味性。隨著數位工具的蓬勃發展，品牌方越來越能夠以低成本實現與消費者的直接溝通，及時有效地獲得消費者回饋，許多企業甚至將產品溝通前置到產品研發階段，在產品早期有效獲得客戶回饋。

當消費者積極參與產品的共創時，企業也能同時快速回應消費者的需求，那麼企業便能實現產品的快速疊代、快速生產、快速交付，讓符合市場趨勢的熱門商品創造過程更加系統化和高效。

以喜茶為例，喜茶透過低調上市新品、收集客戶回饋來了解消費者需求的痛點，相應地修改配方。喜茶起家的明星產品芝士奶蓋茶的推出，讓不想喝用粉末沖出來的奶茶的顧客，有了多一種有真材實料的飲品的選擇。當消費者抱怨茶

第五章　客戶策略的契合路徑

飲果肉少時，喜茶便會將果肉加到占整杯 3 分之 2 的量；如果消費者回饋原茶味道不好，喜茶又透過對多款茶葉進行調和，選出味道適宜的奶茶，在這中間找到滿足客戶需求的平衡點。有了消費者回饋的資料，喜茶便能快速回應市場需求，進行產品創新與疊代。與此同時，基於年輕消費者的口味需求，喜茶向上游供應鏈反向訂製所需要的原材料，精準地開發新產品。透過及時且深入的客戶參與，喜茶在價值鏈的前後端聚攏了資源和能力，形成產品壁壘。

再比如，美妝品牌花西子自成立之初，就一直秉承「客戶共創」的理念，會定期邀請客戶參與互動體驗。花西子的產品經理也會定期電話回訪了解客戶的真實需求。截至 2021 年，花西子已累積了 20 萬名的「體驗官」；其明星單品眉筆就是成功案例之一，自上線以來，4 年內已疊代了 8 個版本，每一次疊代都離不開客戶的回饋與共創。

透過客戶參與來保持產品競爭力，並非短週期的零售快消行業或是新創企業的專利，供應體系複雜的傳統企業更應該加深產品價值鏈上的客戶參與，確保客戶價值沒有在冗長的流程傳遞中流失。

以全球消費電子大廠 vivo 為例，近年來他們不斷透過「技術發展＋客戶需求」的雙輪發展策略，確保客戶元素在企業血液中不斷地流轉。2021 年，vivo 將「設計驅動」寫入企

113

第二部分　客戶資本三角路徑層
　　　　　——如何實現

業價值觀,成為 vivo 打造產品的系統思維。設計驅動是極致的客戶導向,企業在設計產品時站在客戶角度,鎖定最核心的使用者和場景。為此,vivo 成立了由產品規劃、技術規劃、技術預研「鐵三角」組成的中央研究院,針對客戶需求進行預研、預判。同時,為了讓客戶更好地參與產品研發,vivo 開啟了「以使用者為原點,與使用者共創」的「V-Voice 計畫」,旨在與客戶保持常態化的溝通互動,傾聽客戶的回饋和建議,與粉絲一起共創產品。

　　客戶參與不能僅僅停留在客戶需求預判以及產品研發規劃當中,要有效創造客戶價值,除了產品自身的硬實力外,更重要的是要知道消費者如何「感知」產品。由於產品功能日益複雜,有時候客戶價值的降低並非源自產品本身的設計規劃,而是缺乏有效的客戶教育與引導,導致客戶在產品使用過程中容易發生錯誤操作,或是產品效能未被客戶很好地開發與理解,從而造成了無形的損失。vivo 為了確保客戶參與能貫串全價值鏈條,強化了零售和客服,加強了線上和線下各接觸點與客戶的互動,對客戶旅程中產生的疑問回饋與負面評價進行及時的挽救,避免二度傷害,同時透過行銷和客戶經營,多角度與消費者進行正向溝通,讓客戶能高效地使用產品,最大化產品所創造的客戶價值,並將相關經驗沉澱

進 IPD[26] 和 IPMS[27] 流程，盤點每一代重點產品的功能特色，進一步放大產品的優勢。

產品本身是創造客戶價值的基礎，在供過於求的市場環境以及日新月異的市場變化下，企業需要更積極地擁抱客戶參與，透過聆聽客戶聲音，更快速、更準確地進行產品疊代，保持產品競爭力，並打通客戶旅程中的各環節，建立市場溝通機制，在追求產品參數上突破的同時，同步強化客戶產品的使用能力，與客戶形成雙向鏈路流暢的溝通閉環。如圖 5-5 所示。

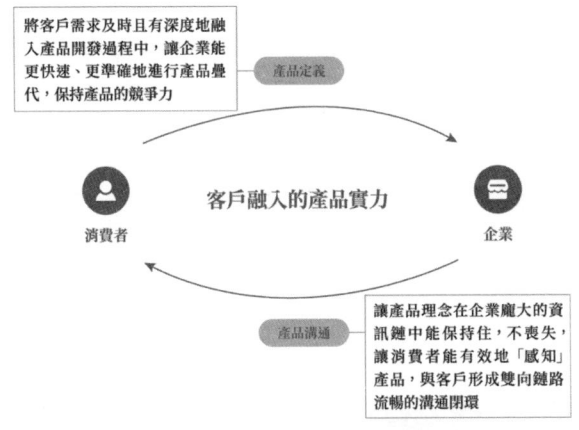

圖 5-5　客戶融入的產品實力

---

[26] IPD：全稱 Integrated Product Development，中文為「整合式產品開發」。它強調在產品開發過程中，要將市場研究、設計、製造、測試等各個環節緊密地結合在一起，以提高產品的品質和市場競爭力，縮短產品的開發週期。

[27] IPMS：全稱 Integrated Product Marketing & Sales，中文為「整合式產品行銷和銷售」。它聚焦產品上市前到銷售的相關各環節，圍繞產品，規範從產品的市場機會點生成到生命週期結束的全流程市場整體操盤管理。

第二部分　客戶資本三角路徑層
　　　　　——如何實現

路徑三：顯性化的服務內涵

　　在市場快速增長階段，服務更多的是在客戶旅程後端扮演「擦屁股」的角色，服務擦的不僅僅是產品的屁股，也包含行銷為了達到銷售目的挖下的坑。然而在存量競爭市場中，服務內涵不再是原來的服務，它更加向前延展，涵蓋在整個客戶旅程中。因此，關注長期聯結關係的維護，成為客戶價值創造與差異化競爭的核心路徑之一。

　　這裡所說的服務內涵，指的是企業為了實現客戶價值而採取的一系列舉措，包含為了支援並提升產品能力所提供的基礎服務（如電商或零售行業中的物流配送，廚電行業中的安裝，家電行業中的維修、保固等），也包含在核心旅程外衍生的加值服務，其中加值服務並非僅限於傳統認知中的實體獎勵或是會員體系，更多是植入客戶旅程中提升客戶感知的行為。例如，「京東小哥」一直是京東品質化服務的符號，2018年上線的「青流計畫」更是增加了回收紙箱、舊衣服、玩具等相關綠色舉措，充分解決了客戶在購物過程中所衍生的痛點，讓京東小哥在基礎的物流服務之上，同時承載了更高的社會價值。而方太「日行一善」的企業哲學，促使第一線工作人員（如安裝師傅）能根據客戶需求提供及時的幫助與服務。

　　在傳統的經銷模式下，大多數企業的銷售與服務是分開的兩套營運體系，客戶接觸更多的是以銷售為目標的傳統門

第五章　客戶策略的契合路徑

市，他們基本上無法感受到廠商的服務。而在客戶時代，先服務後銷售的經營邏輯，讓服務顯性化逐漸成為市場的主流。

消費電子大廠 OPPO 近年也致力於銷服一體店的升級，讓服務內涵能夠更好地讓客戶感知到。銷服一體就是銷售和服務同時進行，不僅能讓客戶在門市完成暢快的購物體驗，也能為他們帶來更及時的維修和售後服務，讓購買與服務沒有主次之分，從而打破服務壁壘。銷服一體除了為消費者提供無憂、高效率的售後保障外，開放式的維修窗口、標準的流程說明、明確透明的收費標準，以及貼膜、檢測等相關的加值服務、跨品牌的維修諮詢，都反過來大大提升了 OPPO 與客戶之間的接觸點，增加了客戶購買過程中的安心感。

相較於產品型企業，服務多是扮演支援的角色，是產品構成的一部分，對於沒有具體化產品的服務行業而言，出色的服務能力承載著核心的客戶價值。金融保險行業即這一領域典型的案例，如何透過每一次精心的服務環節的設計，爭取並推進深化客戶關係，成為企業競爭力與持續商業成功的關鍵。例如，自 2010 年以來，泰康保險透過「保險＋養老」的模式，建立起差異化的發展路徑：藉由保險公司沉澱的大量保險資金來參與養老社區的建設與營運，而高品質養老社區的入住權利成為泰康保險產品「排他性」的加值服務，相較於其他保險公司，泰康保險透過加值服務創新來提高保險公

第二部分　客戶資本三角路徑層
　　　　　——如何實現

司對客戶的價值，也為保險銷售帶來了溢價空間。

　　並非每一個企業的服務內涵規劃都需要像泰康保險一樣以重資產的模式來進行。日本領先的網路車險公司索尼損害保險（Sony Assurance）透過全旅程有效的服務場景設計，在激烈競爭的存量市場中保持了良好的續保率和增長。車險屬於無形商品，再加上低頻需求的行業屬性，如果客戶沒有經歷過出險或理賠的場景，對於保險公司的感知與忠誠度並不高。根據調查研究資料，有 60％ 的客戶都屬於對保險公司無感的人群，這意味著看似網路車險市占率第一的索尼損害保險實質上保戶基礎非常脆弱，隨時可能面臨客戶流失的風險。如圖 5-6 所示。

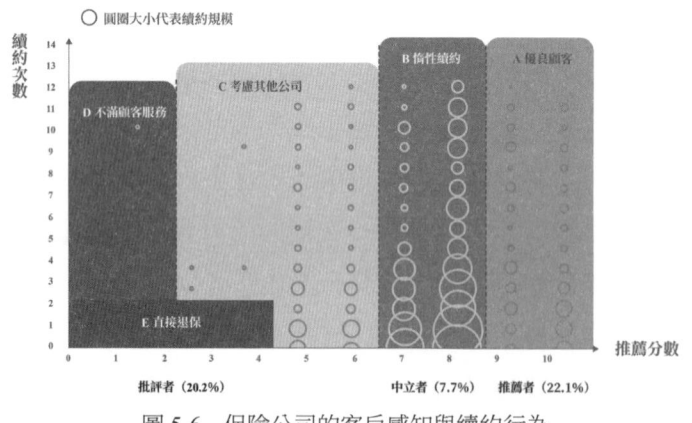

圖 5-6　保險公司的客戶感知與續約行為

　　儘管保險是個低頻需求行業，但續保通知是每一個保戶必經的旅程場景。索尼損害保險傳統的續保通知除了提醒保

第五章　客戶策略的契合路徑

戶進行續約外,僅有保單方案及價格等制式化內容,客戶難以分辨不同保險公司的差異,最終往往只是從價格來做選擇,一旦競爭對手有更優惠的條件就馬上轉移了。為了提升續保場景的體驗,索尼損害保險在續保通知發出後,由過去與保戶有過接觸的業務單位主動聯絡進行簡訊問候,並針對不同的客戶畫像喚起客戶與保險公司曾經經歷過的良好體驗,強化保費以外的元素,並由專屬客服在客戶有續保問題時專人服務,消除保戶疑慮,加深保戶對投保商品的理解,與保戶保持信賴關係。

與此同時,索尼損害保險也在客戶旅程中安排了各種不同的「驚喜」,讓保戶更好地感知到保險公司貼心、以客戶為中心的服務。在日本,車險保費隨著駕駛人的年紀而變動,對年輕駕駛人來說,變更年齡條件可以降低保費(代表駕駛行為的成熟),但大多數的投保人不是忘記辦手續,就是根本沒有發現年齡條件可在投保期間變更。索尼損害保險在客戶生日時除了提供祝福外,會專程通知客戶可以進行保費優惠,雖然保費優惠會影響公司營業額,對收益帶來短期負面影響,但保戶卻因為這項服務而對索尼損害保險誠實並貼心的態度產生極大共鳴。索尼損害保險的這一舉措大幅提升了長期客戶的價值。

此外,由於日本容易發生颱風或暴雪之類可能損壞汽車的天然災害,索尼損害保險會在極端天氣發生時發揮直銷型

第二部分　客戶資本三角路徑層
　　　　　——如何實現

保險公司可直接聯絡顧客的優點，發送慰問信給災區保戶，並提醒可以使用的保險服務。投保人都知道發生交通事故時可申請理賠，但大多數客戶並不清楚颱風等天災造成的車輛損害也能使用汽車保險。儘管只是通知的小小動作，但從企業角度來看，要實行這種措施並非易事，保險公司不僅要多付理賠金，再加上本來就因雪災或道路救援而忙得不可開交的同時，還需要投入更多的資源來服務客戶。但也正是由於索尼損害保險重視客戶長期利益，在接觸點不多的保險旅程中與客戶產生了更多的服務互動，為客戶打造了完整且豐富的體驗，繼而提高客戶的忠誠度與續約率。

　　再以飯店為例，曾經麗思卡爾頓酒店因為這一個小故事在網路上知名度大增。事情是因為一位客人在佛羅里達的麗思卡爾頓酒店度假離開後，不小心將孩子最喜歡的玩具，一隻名叫「喬西」的長頸鹿遺失在了酒店內。客人對孩子謊稱喬西還要在酒店裡度幾天假，過幾天才能回家，所以當工作人員打來電話告知玩具在酒店被找到時，客人請求酒店工作人員替喬西拍一張坐在泳池邊長椅上的照片，好讓兒子看到喬西真的是在度假。結果卻出乎他們的意料，麗思卡爾頓的工作人員不僅寄回了喬西，還有滿滿一疊的照片，這些照片中，有喬西正在泳池邊放鬆的，有喬西在駕駛一輛高爾夫球車的，有喬西與酒店的鸚鵡共處的，甚至還有喬西在水療館裡享受按摩的（眼睛上還敷著黃瓜片）。這些照片讓客人非常

感動，他們在網路上記錄了這件事，被無數網友瘋狂轉發。

其實，客人的需求只是一張玩具照片，但酒店工作人員在收到這個需求時，理解到了客人「真正」的需求是證明長頸鹿喬西過得很好，不用為它擔心。因此他們超出了客人的期待，寄來了一系列的照片，展現喬西每天精采的「度假生活」，用極致的服務超越了客戶的期望。

正如創始人霍斯特・舒爾茲（Horst Schulze）所言：「我們應該追求的是卓越的表現，而非競爭的勝利。」被如此真摯地服務過，客人一定會到處「宣傳」，這是傳奇性的服務。麗思卡爾頓正是以其傳奇性的服務，超越「標準」做到「卓越」，收穫了無數的忠誠客戶。

在過去，服務常常是可有可無的定位，屬於被動的角色，也往往被貼上「成本」、「效率」的刻板標籤。而在客戶時代，顯性化的服務內涵是從價值創造出發的，讓目標客戶能有效感知到企業所提供的服務價值，成為建立與深化客戶關係的關鍵黏合劑。

路徑四：有效的多接觸點融合

在數位化時代，企業向客戶交付的，不再僅僅是標準化的產品和服務，它可以變得更加顆粒化、場景化，被拆解為一次次微互動的集合。客戶的需求本身是動態的，而數位化

第二部分　客戶資本三角路徑層
　　　　　——如何實現

技術讓企業有條件將自身的能力原子化，並即時、一對一地洞察客戶場景和需求，快速、有所針對地組合自身的能力，透過各種形式的管道和互動，來滿足這種需求。整個過程中，企業向客戶交付的，是貫穿整個過程的端到端的多接觸點體驗。

行動端的出現與普及，促進了客戶的跨管道活動越來越多：「哪些環節引導客戶進行跨管道操作」、「哪些環節適合單一管道操作」、「如何減少跨管道的斷點」、「如何提升跨管道的客戶體驗」等均是多接觸點融合需要思考的問題。根據麥肯錫 2022 消費者調查研究報告，89%以上的消費者在過去一年中改變了購買習慣，包括嘗試新的購物 App、社交電商購物管道，或是切換常去的實體店鋪，有些消費者會在線下試好尺碼後在線上下單，有些客戶會透過線上線下比價後再決定從何處購入所需物件。[28] 消費者接觸點和購買路徑的碎片化，意味著企業的產品服務過程不能僅限於單一接觸點，而是要能夠跨接觸點融合，以滿足消費者的不同需求。

數位接觸點的出現讓許多客戶旅程有了更豐富的發展可能性，在提升客戶價值感知的同時，還能有效地提升經營效率。以平安保險為例，早在 2013 年，平安保險 CEO 馬明哲便提出「科技引領金融」的策略，透過大量的數位技術以及接觸點融合，來解決傳統客戶旅程中可能面臨的瓶頸。以理賠

---

[28]　麥肯錫 & CCFA（中國連鎖經營協會）：《2022 年中國零售數位化白皮書》。

第五章　客戶策略的契合路徑

為例，面對保險事故在人、事、時、地、物方面的「不確定性」，以及客戶在保險事故發生時的恐慌情緒和理賠過程的挫敗感，理賠環節對保險公司一直是一個充滿困難的老問題。儘管理賠是一個非常商業導向（賠付與否、賠付金額）、重線下的場景，而平安保險卻以客戶視角、數位化方式來更好地給予客戶良好的理賠體驗。2003年平安保險率先推出車險全國通賠服務；2009年承諾「人民幣萬元以下，資料齊全，3天給付」；2019年上線「信任賠」服務，車主只需透過報案並由數位管道上傳照片，即可完成極速理賠，全程零人工稽核作業；2020年平安透過智慧機器人、OCR等技術實現定損、稽核等環節流程自動化與智慧化，上線了「一鍵理賠」服務，較傳統理賠平均時效提升34%，從報案到賠款最快時間僅133秒；2021年，家用車每天平均有近2萬起線上自助理賠案件，83%的車險報案不再需要現場查勘。從倍比拓《2022中國壽險業NPS白皮書》的客戶行為模型顯示，有過理賠經驗的客戶，其理賠體驗對保險企業商業決策的影響力將會提升6倍。平安保險透過高效的理賠接觸點管理，提升了關鍵場景下的客戶價值。

　　老牌影視娛樂龍頭迪士尼也是積極擁抱數位接觸點的企業。除了大力發展自身的串流媒體平臺「迪士尼＋」外，作為迪士尼魔法的關鍵接觸點──迪士尼度假區自2013年啟動「My Magic Plus」計畫，透過數位工具加持，讓遊客更輕鬆地

第二部分　客戶資本三角路徑層
　　　　　——如何實現

進入「沉浸式」的童話環境，在實景架設的時空中書寫自己的故事。迪士尼推出魔法手環（Magic Band）作為公園的虛擬「鑰匙」——整合度假區入住、飯店房間房卡、遊樂園門票、速通（Fastpass）票、商店／餐廳結帳等。魔法手環能追蹤遊客的活動軌跡，了解其與遊樂設施的互動情況與喜好資料（如旅遊景點、商店、購物、餐飲、遊戲和音樂等），提供個性化和簡便的身分驗證，改善遊客預約、付費、照片儲存、個性化推薦、路線選擇以及遊樂園導航等體驗；兒童則可以透過魔法手環訂製迪士尼的各種配件、貼紙和裝飾品，在遊戲互動時創造屬於自己的頭像。

魔法手環與後來推出的迪士尼魔法手機（Magic Mobile）服務（讓更多人能靈活連接迪士尼的數位服務），以及園區內大量的掃描器和互動式數位接觸點，都整合到 MyMagic＋遊客計畫管理系統之中，讓遊樂園變成一臺大型的處理器。「預測」是迪士尼度假區營運規劃的分析基礎，該系統每 15 分鐘就會在整個遊樂園的許多位置生成流量與交易預測，協助度假區有效地規劃勞動力，以確保滿足遊客服務標準，甚至提供個性化服務（例如預測遊客最喜歡的迪士尼角色，安排相關角色主動找到遊客，用遊客的名字準確地打招呼）。

數位化是眾多企業近年來大力發展的關鍵能力，然而數位化本身是工具而非目的，數位化能力的發展應該有一把衡量的尺——消費者需要什麼樣的數位產品？如何沿著客戶需

第五章　客戶策略的契合路徑

求進行有效的數位化創新？數位產品如何跟現有的接觸點有效融合，而非和接觸點有衝突？從客戶視角來審視數位化能力的投入方向與邊界，能夠更好地聚焦到客戶價值上。

策略路徑組合經營

我們先前提到的「品牌理念」、「產品感知」、「服務內涵」、「接觸點設計」，都是實現客戶價值提升的關鍵策略路徑，但客戶策略路徑的選擇並非一成不變的，而是一個動態管理的過程，企業可以根據目前所面臨的客戶現況與外部競爭態勢來建立不同的策略路徑組合。

日本管理學大師大前研一（Kenichi Ohmae）強調，成功策略有三個關鍵元素：客戶、競爭對手以及企業本身。這三個關鍵元素形成策略三角，也就是著名的3C策略模型。如果應用3C策略模型來建立策略路徑組合，企業需要經歷三個關鍵步驟：

（1）透過客戶旅程對客戶現況有充分理解。
（2）分析企業與競品的優勢與短處。
（3）建立符合企業屬性與差異化的客戶策略路徑。

換句話說，一個能有效創造客戶價值的策略路徑組合，是將企業的經營規劃有效契合客戶的心理與行為預期，形成與競爭對手差異化的定位。

第二部分　客戶資本三角路徑層
　　　　　——如何實現

在不同行業中，客戶究竟為了什麼而買單，為什麼願意長期追隨一家企業，客戶行為模型構成均有所不同。例如本書之前提到過，對消費電子產品、耐用消費品、汽車等的產品感知是客戶決策的根本。而無形產品的金融業，如索尼損害保險、招商銀行，其服務與接觸點體驗是影響客戶感知的關鍵要素。誠如京東創始人劉強東在2022年「雙11」前的內部郵件中提到，零售業（尤其是電商行業）的核心需要回到價格、品質和服務，低價是「1」，品質和服務是兩個「0」，失去了低價優勢，其他一切所謂的競爭優勢都會歸零，這也是京東立足於競爭激烈電商行業的本錢。

從競爭格局來看，在同質化產品競爭的市場中，品牌、服務、接觸點的表現在供過於求的客戶時代，其重要性與日俱增：NIKE靠著品牌實力在產品效能處於伯仲之間的運動用品市場持續擁有穩定的粉絲；亞朵酒店沿著客戶旅程，將服務升級為體驗，打造「亞朵級」服務，在本土酒店無法立足的中國國內中高階市場中創造了新的商業藍海；招商銀行透過針對性策略及長期在數位接觸點與服務方面的投入，創造了其他銀行難以比擬的零售優勢。

筆者曾為某消費電子大廠在突破高階手機市場的時候，對其客戶現狀進行了分析。從其客戶分析的圖譜中可見，客戶價值主要由客戶旅程中的品牌理念、產品使用、零售購買與服務內容所聚類而成（見圖5-7），其中品牌理念與產品使

第五章　客戶策略的契合路徑

用是價值定位中最核心的基礎：在吸引並留存高階客戶的時候，僅僅投資於零售與服務上不足以支持該品牌在高階市場上占比的提升，而是需要著重於產品效能的突破，以及符合客戶預期的品牌傳遞。在對客戶與行業現狀有了整體的認知後，企業即能規劃提升客戶價值最適合的策略路徑，對資源進行有效配置。

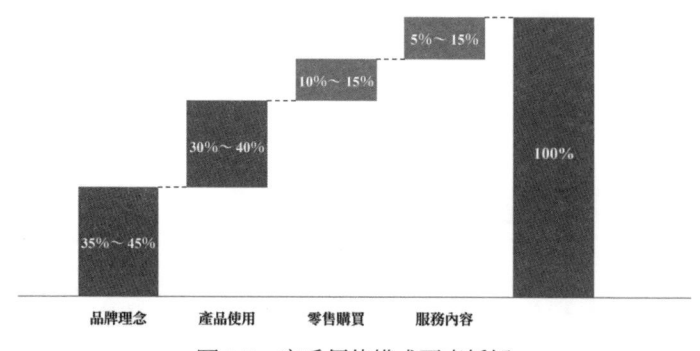

圖 5-7　客戶價值構成要素拆解

麥可・波特認為，策略規劃就是企業進行經營取捨並有效配置資源的過程。客戶策略路徑是策略的選擇與組合，企業需要建立起有自己特色的客戶行為模型，聚焦並不斷強化自身的優勢，來打造能長期提升客戶價值的護城河。

第二部分　客戶資本三角路徑層
　　　　　——如何實現

第三部分

客戶資本三角模式層
——如何升級

第三部分　客戶資本三角模式層
——如何升級

第六章　客戶模式重構

　　在客戶資本三角路徑層中，我們討論了透過「品牌理念」、「產品感知」、「服務內涵」、「接觸點設計」等方面來建立系統、科學性的客戶經營，確保企業能有效達成客戶使命與目標，在不確定性的環境下建立永續增長的路徑規劃。然而隨著客戶價值的增長，於商業模式創新而言，客戶本身即是一種資產以達成新的擴張，這就是諸多新興網路公司不斷擴張業務邊界的原因。因為初始業務所累積的客戶，可以作為新增長業務或種子業務的布局入口，而正如商業模式本身被定義為利益相關者的交易結構，現今交易結構的資源點可以建立在客戶身上。本章我們將進一步討論企業增長下的模式重構：如何透過重新定義與客戶之間的商業模式來達成客戶價值的深化。

　　簡單而言，企業與客戶之間存在著滿足預期與支付對價的關係，客戶模式重構即改變現有客戶的對價關係（見圖 6-1）。改變現有客戶的對價關係指的是在不改變既有產品與服務的前提下，以創新的商業模式與客戶建立新的商業關係。

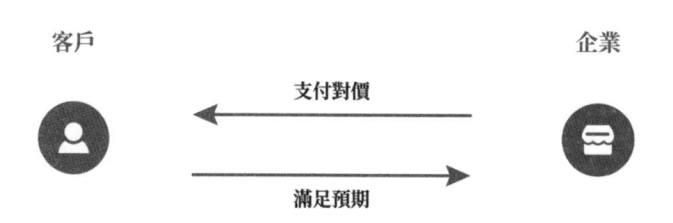

圖 6-1　客戶與企業的對價關係

如圖 6-2 所示，企業有三種不同的模式來改變對價關係，能夠進一步加深客戶關係，創造更多的商業價值以及鞏固競爭壁壘：①訂閱制。②付費會員制。③服務產品化。

訂閱會員 / 對價關係	付費會員 / 會員營運	服務產品化 / 服務付費
將與客戶一次性的交易關係，透過降低客戶門檻，以訂閱制的模式轉換為長期客戶關係	消費者在需求尚未滿足之前，預先支付一筆費用來獲得未來相對應的權利和資源；企業與消費者之間屬於強綁定關係	企業不是提供單一的產品，而是透過多元的服務產品組合來提升客戶價值，與客戶建立多元、深度的對應關係

圖 6-2　三種客戶模式重構

訂閱制

訂閱制並不是一個新名詞，但能成功實現訂閱制的品牌均可以證明企業擁有清楚的產品市場媒合度（Product Market Fit，PMF）與足夠的核心能力來創造客戶價值。企業將與客戶

第三部分　客戶資本三角模式層
　　　　　——如何升級

一次性的交易關係，透過降低客戶門檻，以訂閱制的模式轉換為長期客戶關係。近年來，以訂閱制為代表的成功企業層出不窮，不論是影片媒體行業的領頭羊 QQ 音樂、愛奇藝，新興消費品牌如鮮花界的花加（Flowerplus），或是全球最大電腦軟體供應商微軟，均透過訂閱制的模式來改變競爭格局，建立市場影響力，創造新的商業增長。對於傳統企業而言，訂閱制可以視為一種基於客戶價值的商業模式創新，能夠反向推動「以客戶為中心」的商業變革，鞏固在客戶時代企業的核心競爭力。

訂閱制最典型的代表行業就是 SaaS（Software as a Service），也就是軟體即服務行業，它們往往由客戶的訂閱數而決定企業的生死。很多 SaaS 公司的客戶以租用而非購買的方式獲取軟體的使用權，因此，SaaS 行業中也用一個非常普遍的指標來衡量企業的商業表現和客戶價值：淨收入留存率（Net Dollar Retention Rate，NDR）[29]。其計算公式如圖 6-3 所示。

$$\text{淨收入留存率 NDR} = \left(\frac{\text{期初 MRR} + \text{擴張 MRR} - \text{減購 MRR} - \text{流失使用者 MRR}}{\text{期初 MRR}} \right) \times 100\%$$

・Note：月度經常性收入（Monthly Recurring Revenue, MRR）
・NDR 又稱 NRR（Net Revenue Retention Rate）

圖 6-3　淨收入留存率的計算

好的 SaaS 企業，NDR 常年保持在 100%以上，代表在訂閱制商業模式下，就算沒有新客戶增長，既有客戶一直在維持

---

[29]　資本寒冬下，NDR 成為 SaaS 行業最重要的指標之一。健康企業的 NDR 應至少在 100%以上，超過 120%會被視為表現良好。

並擴張他們對該 SaaS 產品的使用。從全球來看,營運較好的公司的 NDR 通常在 105%～110%的區間。美股頭部 SaaS 企業 2021 年 NDR 普遍在 115%以上,也就意味著這些公司就算沒有新客戶增長,公司收入也可以保持 15%以上的年增長率。

以中國最大的 HR SaaS 廠商北森為例,根據其公開募集說明書,北森公司的 NDR 在 2021 年 Q3 前 12 個月為 119%,而且呈現持續增長的趨勢。NDR 的持續增長說明了兩點:第一是北森 SaaS 產品帶來足夠的客戶價值,客戶的支持度不減,流失率低;第二是老客戶使用更多、更高級全面的產品服務,收入貢獻度持續提高。北森 CEO 紀偉國提到,「客戶成功首先是一種價值觀、一種文化,全公司都要建立客戶成功的理想和理念」。相較於中國 SaaS 企業普遍低留存率的「魔咒」,客戶對北森品牌與產品的高認可度,使之成為 SaaS 行業中的一個「異類」。如圖 6-4 所示。

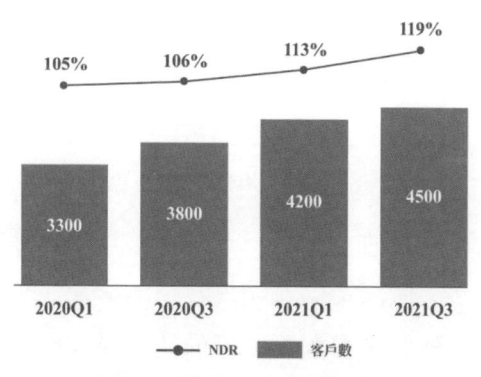

圖 6-4 北森 NDR 和客戶數

第三部分　客戶資本三角模式層
　　　　　——如何升級

　　雖然 NDR 的主要應用還是在網路行業，尤其是 SaaS 企業，但訂閱制的商業模式已逐漸延展到各行各業中。NDR 背後所代表的含義是：即使在沒有新客戶貢獻的情況下，企業仍能夠依靠留存客戶來繼續造血，代表企業產品與服務的核心競爭力以及經營健康度。這種「老顧客」的生意模式也跟本書提及的以客戶資本為目標的客戶價值經營有異曲同工之妙。

　　相較於競爭對手，能成功實施並規模化訂閱制的企業，對目標客戶有更深刻的理解，也能創造更大的客戶價值，而這種能力往往能顛覆傳統的市場格局，成為新規則的制定者。影片行業是近年來最具顛覆性的類別之一，而網飛則是其中的開拓者。在網飛之前，消費者在家看電影的主流方式是去線下店租賃錄影帶。網飛開創了使用者按月或者是按年付費的經營模式，線上預訂自己想看的任何電影，然後郵寄 DVD 到客戶家中。後來隨著網路基礎設施的普及，這一經營模式進一步變成影片點播服務的模式，這種「訂閱付費」簡單、便宜、快捷，成功地顛覆了傳統的影片業務。

　　網飛深知，為了更好地深挖客戶價值來維持高續訂率，分析客戶資料是核心關鍵。根據網飛自身研究，觀眾的活躍度取決於平臺個性化推薦——超過 75% 的訂閱者都是遵循推薦演算法來做決策的。網飛會追蹤客戶在平臺上的每一步操作，記錄他們選擇觀看節目前的搜尋次數，搜尋中使用的關鍵字，觀看的日期、地點和設備，知道使用者是如何暫

第六章　客戶模式重構

停和恢復節目和電影的,以及看完一集、一季節目或一部電影需要的時間,在此基礎上生成訂閱者的詳細資料。網飛建立的客戶檔案可能比使用者自己提供的資訊或偏好要詳細得多。

網飛利用大數據演算法了解使用者的喜好,向客戶提供更精細化的建議,這樣消費者可以更高效地瀏覽自己喜歡的影片,最大化串流媒體所創造的價值與滿足。這種分析能力也同時有助於原創內容的製作,從《紙牌屋》(*House of Cards*)開始,網飛已經發表了幾百個原創系列節目,進一步建立起差異化壁壘,成為挑戰好萊塢的內容平臺。網飛的訂閱制商業模式如圖 6-5 所示。

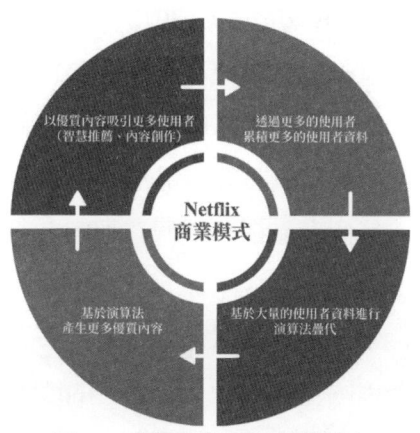

圖 6-5　網飛的訂閱制商業模式

在獲得訂閱制上的成功之後,網飛也積極探索衍生的商業機會:2021 年,網飛推出線上商城 Netflix.shop,以自有

◁ 第三部分　客戶資本三角模式層
▼
◁ ——如何升級

IP 為核心，銷售知名影視劇集相關的人偶、服飾等；同時進軍遊戲領域，將劇情內容在遊戲中進行延伸，並著手將《爆炸貓》(*Exploding Kittens*) 的桌遊 IP 打造成橫跨影視、電腦線上遊戲、手遊的「多棲產品」，建立起一個完整的生態體系，透過深度的客戶理解與精準的客戶經營，最大化每一個 IP 目標人群的商業價值，創造企業與客戶之間的雙贏。

如果說 SaaS 軟體和串流媒體網飛更偏向網路形態的商業模式，那麼我們最後再來看一個傳統但熱鬧（不論從商業角度還是生活角度來說）的行業：寵物經濟。在美國，寵物市場一直以來都具備非常成熟的商業模式，在產業價值鏈上的企業都十分穩定，但是一個以狗狗為中心的品牌 BarkBox 打破了先前的格局。BarkBox 成立於 2012 年，是一家專門針對狗狗零食、玩具、健康用品等進行銷售的公司，採用訂閱電商的方式直接面向消費者。BarkBox 每個月會將客戶為寵物選購的狗零食、磨牙棒和玩具等產品放在一個精美的主題盒子中寄送給客戶，每個產品都有一個有趣的名稱和富有創意的產品描述（如「嗅探野生公園」、「莎士比亞在狗狗公園」等）。BarkBox 每月活躍訂閱客戶超過 110 萬，總訂閱客戶數已超過 650 萬，成為美國增長最快的寵物用品品牌。BarkBox 在 2020 年成功上市，市值高達 16 億美元。

BarkBox 了解當代寵物主人的需求，將客戶畫像聚焦於工作繁忙且熱愛社交的都市白領：他們生活十分忙碌，擁有

第六章　客戶模式重構

充足的購買力和相對緊張的生活節奏，把寵物當家人一般對待，希望「他們的狗更快樂」，但又不想讓購買寵物用品等雜事占據生活中太多的時間。BarkBox 為寵物主人提供解決方案，創造更好的養狗體驗和更輕鬆的生活方式。客戶可以個性化訂製盒子中的內容，滿足自己愛寵的需求：例如，為咀嚼力強的狗狗選擇更加耐咬的玩具，如果寵物沉迷於玩耍並對零食不感興趣的話，可以選擇只購買玩具而不勾選任何可食用的產品。根據訂閱長度的不同，每月產品價格在 23～35 美元之間。對於養狗人群來說，訂閱制為他們提供了一種方便、個性化且通常成本較低的購買方式。如圖 6-6 所示。

圖 6-6　BarkBox 訂閱頁面主要資訊

對消費者而言，訂閱制的進入門檻低，但也往往會因為品牌無法提供出色的體驗服務而取消訂閱。BarkBox 深知，（表面上）BarkBox 提供的是裝在盒子裡的產品，但實際上，當客戶和他們的狗一起打開盒子時，他們得到的是一種體

第三部分　客戶資本三角模式層
　　　　　——如何升級

驗。BarkBox 基於超過 2 萬名客戶的訂購資訊，在訂閱盒的產品中下足工夫：訂閱盒有「小」、「中」和「大」等不同價位的盒子，並匯入「狗的體形」、「咀嚼習慣」、「居住城市」等標籤，進一步細化盒子的客製化至 15 種，確保每個主題盒子的交付都是一次激動人心的體驗、一個繽紛有趣的故事。創始人馬特・米克（Matt Meeker）認為，最有效的行銷是「客戶推薦」，客戶用他們的狗狗拍攝 BarkBox 的開箱影片，在社群媒體上分享他們的開箱喜悅，這對 BarkBox 獲取新客戶至關重要。

擁有高續訂率的 BarkBox 也順勢推出更多滿足核心客戶需求的相關產品與服務，包含專屬購物網站「BarkShop」、到府獸醫護理服務「BarkCare」，以及提供貼圖軟體、寵物主人交流社群「The BarkPost」和戶外寵物會所「BarkPark」，甚至是犬類收養的「BarkBuddy」。由於擁有高客戶忠誠度以及辨識度，BarkBox 的新服務均很快獲得了市場認可，以「BarkCare」推出的首款產品 Bright Dental 為例，該產品是一種酵素牙膏，可以幫助狗狗刷牙、保護牙齒，在 2019 年試推出 48 小時內即售罄。圍繞寵物經濟，BarkBox 打破傳統，創建了一個長期訂閱客戶超過 75%、回購率最高超過 95% 的訂閱制模式，最終建立起一個圍繞養狗人群的商業服務矩陣。

在海外，近幾年訂閱制逐漸成為主流的商業模式之一，也是 DTC 模式的展現。我們期待越來越多的中國企業也能

第六章　客戶模式重構

夠思考並探索訂閱制的潛力與應用,來重構企業與客戶的對價關係,升級商業模式。當然,企業要實行訂閱制的前提,還是離不開對客戶價值的尊重以及以強大的客戶資本作為基礎。

付費會員制

很多人可能會把付費會員(Paid Membership)跟會員體系連繫在一起,作為會員體系變形的一環,但從深層次而言,付費會員改變了客戶與企業的對價關係——消費者在需求尚未滿足之前,即須預先支付一筆費用,以獲得未來相對應的權利和資源。相較於會員體系中企業與消費者之間的鬆散關係,付費會員制中兩者則是強連結的關係。對企業而言,消費者付費不是結束,營運才是關鍵。由於付費會員制需要事前預支客戶信任,以此作為企業商業經營的基礎,因此企業需要精準地掌握目標客戶的需求,透過一系列產品與服務的組合來實現對客戶未來的承諾。這是一種高效經營客戶價值的商業模式。

在存量市場中,供給大於需求,而數位化的普及進一步加劇了資訊的透明性以及消費者的流動性,有越來越多的企業嘗試使用付費會員制來鎖定忠實客戶,其中以客戶轉移成本較低的網路企業為最。然而,成功的付費會員制有賴於企

第三部分　客戶資本三角模式層
　　　　　——如何升級

業「高效」地運用會員費,在有利可圖的前提下轉化為物美價廉的商品或服務,讓消費者有持續跟隨企業的理由。其中,被傑夫・貝佐斯、雷軍大力推崇的全球零售大廠好市多,它的付費會員制不僅僅是一個會員營運的體系,而是整個商業模式的核心。

好市多正式成立於1980年代,它將目標鎖定在當時大量增加的中產階級家庭:這部分客戶有穩定的消費能力,關注商品CP值,會定期採購一家人需要的日常用品。好市多致力於滿足中產階級高CP值的品質生活需求,與客戶建立起長期的委託代理契約關係。儘管自2020年以來,全球經濟均受到程度不一的衝擊,但好市多2022財年會員費收入達42億美元,同比增長9%,淨利潤同比增長更是高達16.7%。好市多在美洲地區的續費率高達92.3%,在全球其他地區(包括中國)的整體續費率也達到90%。如此亮麗的經營成效,避不開40年來好市多一直堅守的對付費會員的三項承諾:超低價、超省時、超省心。

首先,好市多必須保證商品的價格足夠低,主動降低毛利率。好市多毛利率常年維持在12%～13%。好市多內部有一個規定,如果一件商品定價的毛利率超過14%,就需要董事長簽字批准;當其他零售商的毛利率水平大概在20%～30%時,好市多在商品售價上顯然對消費者更有吸引力。以Magnum雪糕為例,在中國國內普通超市的定價在人民幣10

第六章　客戶模式重構

元左右，在好市多均價僅需人民幣 6～7 元 1 支。

其次是好市多在選品上「寬類窄品」的核心模式。相較於一般大型超市 SKU（最小存貨單位）數在 2 萬上下，好市多的 SKU 數一般控制在 4,000 左右。每一種大類下，好市多僅提供一、兩種產品，以精選好物的模式降低消費者的商品選擇成本，也讓單一商品的銷售量能夠大幅增加。而以少量的產品打動會員消費，考驗的則是好市多在對會員偏好的理解與分析的基礎上所建立的選品能力。

最後，好市多的服務讓客戶能放心購物，精選上架的商品必須經過層層稽核，低價的同時並未降低高品質，以及售後服務強調退貨沒有時間限制，並圍繞著家庭場景提供食品，還有影印店、驗光配鏡店、藥店、加油站等服務，一站式滿足家庭生活需求。好市多的精準會員營運能有效刺激會員的購物欲望，從而拉高客單價（每一位顧客平均購買商品的金額）。根據美國信用卡消費公司 Perfect Price 的調查研究報告，好市多的客單價是山姆會員商店（Sam's Club）的 1.68 倍、沃爾瑪的 2.47 倍、全食超市（Whole Foods Market）的 2.52 倍。

在這種寬類窄品的精準選品模式使得單一商品的銷量提升後，進而增強了好市多在採購端極致的定價權。2009 年，某全球飲料大廠在好市多販賣，好市多表示其定價過高需要降價，雙方沒有達成共識後好市多將該產品下架，一個月後

第三部分　客戶資本三角模式層
　　　　　——如何升級

飲料大廠意識到損失太大，遂同意了好市多的定價。好市多的付費會員制如圖 6-7 所示。

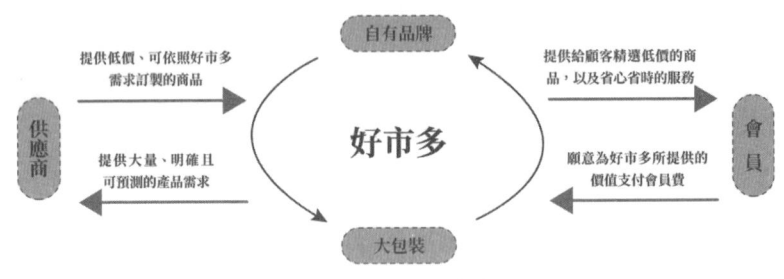

圖 6-7　好市多的付費會員制

比起普通零售，好市多客戶付費的本質不是商品，而是高效的目標客戶經營。一個高度客戶價值的經營模式構成企業良性的循環——好市多透過龐大的會員量和消費量獲得更高議價權後，又將優惠讓利給消費者，同時給予他們更好的體驗，進而又幫助自身獲得更多會員。強大的付費會員機制是好市多的競爭壁壘，在這個基礎之上，好市多並不需要依靠會員的購買力來保持盈利，它只需要讓消費者認可會員的價值，即使內外環境有所變化，銷售額的波動也不會影響整體利潤的穩定。好市多會員費收入占淨利潤的比例高達 72.2%，這家零售企業的盈利能力的核心不在商品價差，而在於會員制，在於會員費。如圖 6-8 所示。

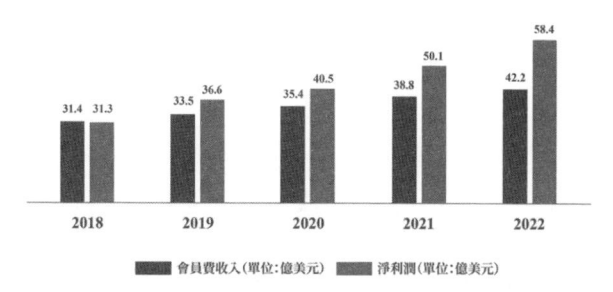

```
          31.4  31.3      33.5  36.4      35.4  40.5      38.8  50.1      42.2  58.4
          2018             2019           2020           2021           2022
          ■ 會員費收入(單位:億美元)    ■ 淨利潤(單位:億美元)
```

圖6-8　好市多會員費收入及淨利潤（2018—2022）

市場上有不少對於付費會員制的探討，但很多觀點更多停留在「術」的層面——透過設計付費會員制來增加會員轉移的難度與成本，進而提升客戶留存。然而追根究柢，付費會員制的本質是企業經營模式與目標客戶價值深層次的契合，是透過真誠地打動客戶來創造商業上的成功的一種經營模式。

服務產品化

在上一章節談論客戶策略路徑規劃時，我們曾提到服務的顯性化，即透過跨旅程的客戶服務來建立客戶忠誠，從而形成企業差異化的競爭力。如果我們進一步把服務從「營運」升級到「模式」時，服務產品化也就是創造新的商業模式的機會。服務產品化最早由IBM在2006年的時候提出，但他們早期更著重於服務「生產端」模式的改變，將服務的生產過程變成像產品製造一樣，把服務內容分解，實現標準化交付，以較低的成本交付高品質的服務。如果我們進一步去拆解服務產品化的本質，可以發現其中有「共性服務需求」、「可標

第三部分　客戶資本三角模式層
　　　　　——如何升級

準化」、「使用／互動頻次高」等特性。只有如此,才能創造服務產品化的最佳商業效益。

在客戶資本的視角中,服務產品化更多尋求的是「需求端」客戶關係的突破,把「可標準化」「使用／互動頻次高」的共性服務接觸點進行產品化設計,創造「升級打擊」的商業模式:在現有客戶交易的基礎上,將原先單一的產品供給提升為多元的服務產品矩陣,打破企業與客戶簡單的基礎對價關係,與客戶形成更緊密的聯結,從而建立企業的護城河。

服務產品化追求的是能有效將一般較為分散的服務進行整合串聯,建構成一個完整的概念,以「產品」形式來傳遞給消費者,甚至演變為服務「品牌」,成為商業模式的核心構成。例如,新能源車市場即一個極度具備「服務產品化」潛力的領域:汽車的資產價值高,生命週期長,客戶旅程複雜且接觸點多,加上現有汽車價值鏈較為割裂,傳統汽車製造商偏重研發、製造等前端環節,把車賣給經銷商之後,整個交易實際上就結束了,客戶關係局限於一次性交易,這就給了新模式很大的發展探索空間。

相較於傳統燃油車,新能源車本身就是一個移動的聯網電腦,從日常運行到電池管理,企業有諸多接觸點為車主提供服務與經營。作為造車新勢力之一的蔚來汽車即為其中的典型代表。蔚來汽車雖然沒有賓士、BMW 的品牌傳統,但從 2014 年成立以來,靠著卓越服務的招牌在高階汽車市場中

第六章 客戶模式重構

占有一席之地,在汽車產業中走出了不一樣的商業格局。

蔚來的商業模式並不依靠車輛銷售賺取利潤,車輛只是入口,是累積客戶資本的方式,為車主提供終身服務才是最大的盈利來源。蔚來 CEO 李斌從創立公司開始,便把「創造愉悅生活方式」作為蔚來的客戶使命。蔚來把產品線分為了三個方面:

第一個方面是智慧型汽車本身。由於汽車是一個高固定成本的行業,同時也是承載未來服務的核心載體,不可避免的,銷量規模本身仍是整個商業模式的基礎。但不同於傳統的商業模式,硬體不是蔚來要賺錢的核心,他們在這個方面上追求的不是最大,而是合理的利潤率。

第二個方面的產品是伴隨新能源車銷售後的剛性服務,如加電、保險和保養維修等。蔚來在剛性服務上以追求不虧損為目標,他們認為在這個方面賺錢反而會造成客戶反感。蔚來的 NIO Service(無憂服務)是車主在購車時可以選擇購買的服務,這項服務可以幫助車主解決維修、保養、事故處理、到府補胎、保險等一系列用車的麻煩事。例如路上事故,蔚來的服務團隊可能來得比交通警察和保險公司都快,車主可以什麼都不管,只需要等著領修好的車;車主沒時間替車子充電,可以聯絡專員,他們會在充飽電後幫車主開回來;車主可以透過 App 一鍵維保,會有專員到府取車,替車子補漆、保養、補胎等,全程零接觸。這些基礎服務並非僅

第三部分　客戶資本三角模式層
###　　　　——如何升級

僅是口號，而是隨時發生在蔚來車主身邊的事實。

最後一個方面則是其他衍生服務（NIO Life），從車走向車生活。其中蔚來 NIO App 作為私域營運的主陣地，是聯結客戶、車、生活最直接的橋梁。大部分汽車製造商都有自己的 App 軟體，但這類 App 更多是工具屬性的，從功能性層面來說大同小異，而非真正的互動。蔚來 NIO App 最大的特徵是「連接」——這裡的「連接」，除了包括聯結車本身外，更主要的核心是把蔚來的高層、員工、車主、粉絲聯結在一起，形成一個類似於論壇、社群的網路環境，使用者在 App 裡面得到歸屬感，在車主之間形成一個又一個「社交圈」。與此同時，「蔚來積分」和「蔚來值」兩套會員體系對客戶留存、促進產品的活躍度、吸引新客戶都發揮了至關重要的作用。「蔚來積分」更多的是滿足所有使用者，讓非車主也能積極地參與其中；「蔚來值」則是面向車主客戶，激勵車主對社群提供貢獻，增強他們的主角意識。截至 2023 年 4 月，蔚來 NIO App 註冊人數已超過 430 萬，日活躍使用者數量已超過 100 萬。在 2020 年，蔚來近 70% 的銷量都來自老車主的推薦，就是很好的證明，因為優異的客戶價值所創造的「人傳人」的行銷模式，極大降低了蔚來的獲客成本。

NIO App 裡的 NIO Life 是車生活的一個重要「體驗」環節。NIO Life 的目標人群十分明確——大部分是「六年級生」和「七年級生」，這些第一、二線城市的核心家庭，因此，

NIO Life 能夠圍繞著「理想生活方式」，高效地向車主和粉絲提供高品質商品，增加其愉悅感。NIO Life 成立以來一共寄出超過 280 萬件商品，滲透率在客戶存量的 50% 以上，每個使用者的年平均花費是人民幣 2,000 元 [30]。

NIO App、NIO Life 和積分體系都可以說是「車以外的生活方式」的重要組成部分，共同建構了客戶社群。不像傳統汽車製造商僅僅專注在第一個模組，蔚來將第二、第三個服務層面成功地產品化，形成了多元的產品組合，成為市場中的「客戶企業」，在激烈的汽車行業中建立了競爭的護城河。蔚來 2022 年首度跨過 10 萬輛的銷售「門檻」，而非汽車銷售收入在 2019 至 2022 年間的增長更是超過了 5 倍（見圖 6-9）。蔚來汽車總市值在 2021 年初一度突破 1,000 億美元，一躍成為全球第四大汽車製造商。

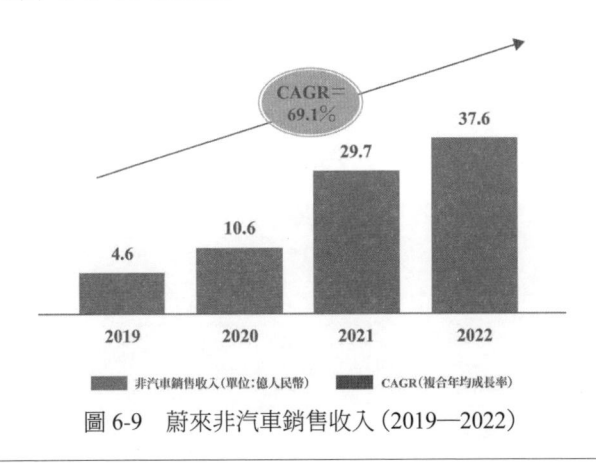

圖 6-9　蔚來非汽車銷售收入（2019—2022）

---

[30]　包含積分換取的現金價值。

第三部分　客戶資本三角模式層
　　　　　——如何升級

　　雖然蔚來汽車仍然年輕,「客戶企業」的經營模式也在市場中面臨了諸多不同的聲音,但其對客戶服務的投入與用心,並將服務進行產品化甚至品牌化的嘗試,為企業經營帶來了更多商業模式上的思考。服務產品化,連同先前提及的訂閱制與付費會員制,均是在客戶價值的基礎上重構企業與消費者之間的對價關係。企業透過客戶關係深化來升級客戶模式,建立不一樣的增長結構,從而在競爭的紅海中開闢出一片不一樣的天地。

第七章　以客戶資本進行業務擴張

自從查爾斯・韓第（Charles Handy）著名的《第二曲線：跨越「S型曲線」的二次增長》(*The Second Curre: Thoughts on Reinventing Society*)一書出版之後，企業的第二增長曲線一直是管理學上重要的議題。查爾斯・韓第提出，成功者只做兩件事——時時檢查第一曲線，常常思考第二曲線。前幾章我們更多談論的是如何將客戶視角融入企業現有的經營與競爭當中，更高效、可持續地發展第一曲線；本章則進一步探索如何更好地利用客戶資本，以建立企業的第二增長曲線。

企業增長中有一個核心觀點：企業增長在於不斷擴展自己的邊界，跳出對於單一業務的依賴。過去企業進行業務轉移或者拓展，往往採取多元化或者多角化的增長模式，但當我們看看今日持續增長的公司，從蘋果、亞馬遜到阿里、騰訊、小米，多業務性特質是這些公司的核心增長要素，其成功的原因在哪裡？在於這些公司的邊界增長並不是建立在單一的行業跨越之上的，而是根植於客戶價值，以客戶資本為核心進行擴張，保證業務能夠更好地搭配需求，而客戶資源在數位化時代又能得到更好的聯結、管理與交易，這種模式是以客戶為核心，將其資源槓桿化，從而進入客戶需求橫向擴張的其他領域。

第三部分　客戶資本三角模式層
　　　　——如何升級

以客戶價值為核心的增長曲線

　　多元化增長的模式很多，但大多數企業在多元化增長的過程中並未獲得成功。麥克·古德（Michael Goold）和安德魯·坎貝爾（Andrew Campbell）對此曾經提出「母合優勢」的概念來處理多元化失敗的問題，但企業界的主流思想還是進行「歸核」。貝恩諮詢公司的董事總經理克利斯·祖克（Chris Zook）甚至為此寫了一本專著《回歸核心》（*Profit from the Core*）。但是我們在業界的確看到諸多業務增長良好、越過自身天際線的公司，這些公司包括亞馬遜、小米、字節跳動、美團等，其業務邊界不斷擴張。這些公司與傳統公司多元化經營的業務模式究竟有什麼不同呢？筆者認為，其核心關鍵就是是否以客戶為中心來進行擴張，在原有客戶資產上進行衍生，而非過去所採用的產業視角。

　　亞馬遜是網路時代以客戶價值為基礎不斷創造增長的代表企業之一。從 1995 年西雅圖的一家網路書店，在過去 20 多年間，亞馬遜逐漸發展為涵蓋全品類、品牌價值達 7,000 億美元的全球科技公司與電商帝國。自成立之初，亞馬遜的創辦人傑夫·貝佐斯即以建立全球「最以客戶為中心的公司」作為企業使命，並在此基礎上創造了著名的增長飛輪，以最大程度發揮客戶資本的價值。傑夫·貝佐斯認為，在不斷地致力於客戶體驗的提升時，流量就會在口碑的帶動下自然地

第七章　以客戶資本進行業務擴張

增加,由此吸引更多協力廠商賣家的參與,消費者就有了很多的選品和便利的服務,從而帶動客戶體驗的進一步提升。而更大的交易規模讓亞馬遜從自己的固定成本(包括履約中心、伺服器等)中獲得更多回報,更高的效率又進一步降低了價格,然後這個飛輪就轉了起來。如圖 7-1 所示。

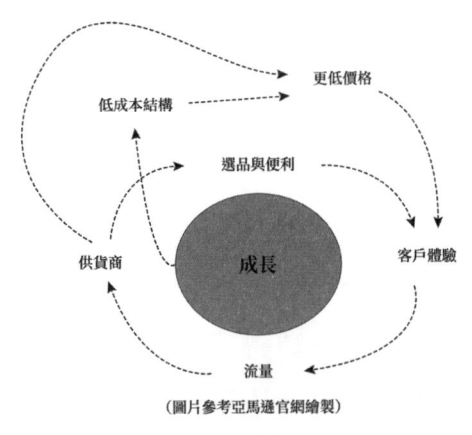

(圖片參考亞馬遜官網繪製)

圖 7-1　亞馬遜增長飛輪

對電商行業來說,客戶體驗扮演著十分關鍵的支點角色,消費者最關注的永遠是兩點──價格和配送。為了更好地提升這兩個環節的體驗,亞馬遜自 2000 年即上線了第三方市場(亞馬遜電商平臺 Marketplace),將更多商家納入亞馬遜的供應鏈體系當中,增加商品的價格競爭力以及選品的便利性。另一方面,亞馬遜大規模投入自動化履約中心,透過 API 連接商家產品和亞馬遜倉庫,由亞馬遜負責配送,實現兩日送達。與此同時,亞馬遜以價格與物流為服務核心,進

151

◁ 第三部分　客戶資本三角模式層
▶　　　　　——如何升級
◁

一步發展付費會員制——Prime，鎖定忠誠客戶，堅實飛輪增長的基礎。

當亞馬遜在美國電商市場的市占率接近50%後，找尋其他的增長機會就變成了關鍵的策略議題。相較於諸多企業在多元化過程中並未有效利用核心客戶資源，亞馬遜則充分在電商平臺的兩端（賣家與買家）進行價值變現與實現增長。首先，亞馬遜在電商平臺Marketplace的基礎上，將「電商網路」作為基礎設施對更大範圍進行開放，讓更多非商品銷售企業也可以利用亞馬遜的技術來推展自己的業務，這就是亞馬遜雲端服務（Amazon Web Services，AWS）——以電商平臺本身的大量商家為基礎，將雲端服務拓展到能源、零售、教育、製造、金融、文化娛樂、醫療等各領域。在2021年，亞馬遜雲端服務的收入占總收入近15%，並貢獻絕大部分的利潤，成功地成為增長的第二根支柱。

除了透過AWS連結和鞏固與賣家間的關係，亞馬遜也在客戶基礎上進行軟、硬體領域的延伸，在客戶端更強勢地占領消費者心智。在硬體部分，亞馬遜不斷推出如Kindle、FireTV、Echo等各種智慧型設備，消費者透過電視棒、一鍵購買按鈕、Echo系列等IoT（物聯網）設備獲得了更佳的體驗；在軟體部分，亞馬遜則透過Prime體系提供會員在遊戲和影視上的服務，而這些軟、硬體的應用加深了亞馬遜在消費者生活和AWS在不同領域的布局，從而形成新的飛輪增長來源。

第七章　以客戶資本進行業務擴張

雖然亞馬遜仍以零售業務為主體，但隨著雲端服務、廣告、會員和商家平臺服務等高利潤收入占比逐漸提升，公司的本質已從一家「零售商」轉變為以提供線上服務為主的「科技公司」。亞馬遜發展多元化的成功，不僅搶占了網路電商的市場紅利，而且在原先增長飛輪的基礎之上，充分且高效地利用核心客戶資本，建立起企業的第二甚至第三增長曲線。

雖然說網路背景的企業，客戶 DNA 強，但傳統企業中也不乏透過客戶價值經營而成功實現多元化經營的企業。

2023 年迎來 100 週歲生日的迪士尼即是其中的代表。很多成功企業的商業模式往往是在功成名就後，總結歸納出其中的核心邏輯，但從迪士尼身上，可以看到一份對客戶價值不一樣的堅持。迪士尼的成功，首先是使命的成功。「讓人快樂」是迪士尼的客戶使命，不論消費者接觸迪士尼哪一塊業務，都可以看到迪士尼竭盡全力讓人快樂的影子。1957 年，迪士尼集團創始人華特・迪士尼（Walt Disney）在為自己的企業進行商業模式規劃時，即建立了沿著使命的增長結構，並畫出了一張著名的迪士尼商業模式心智圖（見圖 7-2）。幾十年以來，這張圖仍然是迪士尼最核心的策略發展框架。迪士尼的所有業務，從電影、遊戲、主題樂園，到文創產品，從創立初期開始就是圍繞著客戶核心使命而運作的，並且在這個基礎上創造了一個接著一個的增長曲線，一個又一個的「魔法」。

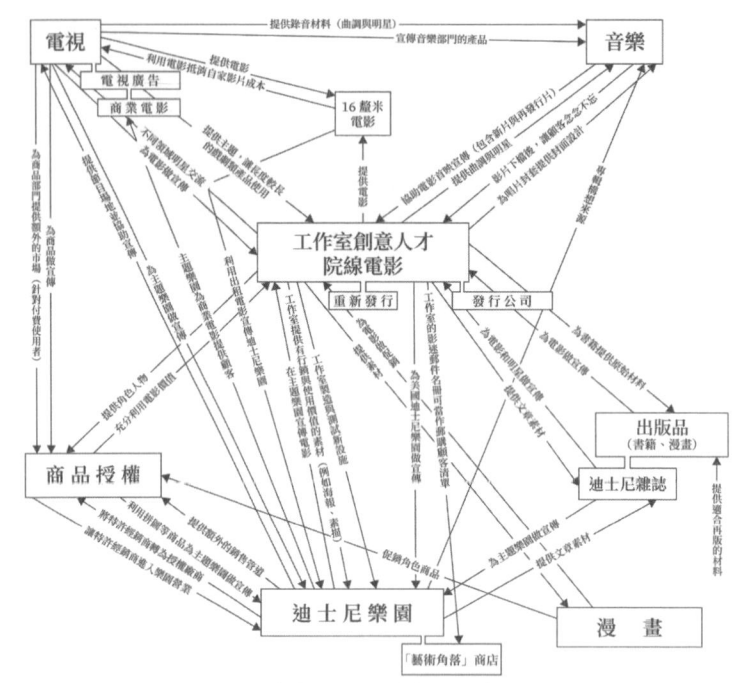

◁ 第三部分　客戶資本三角模式層
▶　　　　　——如何升級
◁

圖 7-2　華特·迪士尼於 1957 年繪製的
迪士尼商業模式心智圖（筆者重繪）

迪士尼一共有四個方面的增長曲線，這是一種被稱為「輪次收入」的商業盈利模式。第一輪收入表現在迪士尼的電影和動畫電影的票房上；第二輪收入來自於這些已公映的電影和錄影帶發行所獲得的利潤；第三輪收入依靠主題樂園增添新的電影人物或動畫角色吸引遊客，並使其樂於為童話般的完美體驗付鈔票；第四輪收入得益於特許經營和品牌授權的商品。

首先，迪士尼增長的底層邏輯來自電影和創意人才，也就是迪士尼工作室。當迪士尼不斷推出一部部製作精美的卡

第七章　以客戶資本進行業務擴張

通與電影，透過電影放映建立起人物與故事的深刻形象的同時，一個個深入人心的明星 IP 油然而生。1930 年，華特・迪士尼拍了全球第一部動畫領域的長片電影——《白雪公主和七個小矮人》(*Snow White and the Seven Dwarfs*)。製作這部卡通電影花了 3 年多的時間，預算從 25 萬美元追加到數百萬美元，幾乎耗盡了迪士尼所有的財務資源，但幸運的是最終成就了經典。這份成功經驗打開了迪士尼以 IP 和電影為整個「輪次收入」核心的模型，而沿著明星 IP 發展的影視娛樂網絡（電影發行、家庭數位、授權分發及其他）則加速放大了 IP 的輻射影響力，成為第二波增長動能。

媒體傳播增加了快樂涵蓋的廣度，而主題樂園與度假區則塑造了快樂的深度——把電影中的明星 IP 米奇、小熊維尼、白雪公主、胡迪牛仔、Linabell 請到樂園，將家喻戶曉的迪士尼經典故事轉化為遊樂過程，讓遊客暫時遠離現實世界，走進繽紛的童話王國，感受神祕奇幻的未來國度及驚險刺激的歷險世界，打造獨具特色的迪士尼文化。最後便是品牌的周邊產品，迪士尼在全球進行各種形象的智慧財產權授權，如迪士尼相關的玩具、禮品、家具、文具、體育用品，以及繪本、藝術圖畫書和雜誌等出版品。這些特許商品猶如種子，填滿日常生活的各方面，成為生根發芽的夢想，深深烙印在每個粉絲的心裡。

為了產出更多快樂的內容，迪士尼不斷強化製造快樂的源頭，擴張 IP 資源，鞏固創意產業鏈的龍頭。近 30 年來，

◁ **第三部分　客戶資本三角模式層**
▶　　　　——如何升級
◁

迪士尼不斷地創造新的原創內容，如 1995 年的《玩具總動員》(*Toy Story*)、2003 年的《海底總動員》(*Finding Nemo*)、2006 年起《汽車總動員》(*Cars*)，到 2013 年的《冰雪奇緣》(Frozen)，並透過收購皮克斯動畫、漫威工作室、盧卡斯影業和 20 世紀福斯，確保源源不絕的 IP 和創意人才，讓一代又一代的大小朋友有新的動畫電影與人物可以觀看、追尋，成為記憶中美好的一部分。此外，迪士尼一直在不斷收購強勢媒體（如 ESPN、ABC），並大力布局串流媒體，如迪士尼＋，透過電視媒體的涵蓋，鞏固並擴大迪士尼的知名度和影響力，環環緊扣，加深企業的護城河。

　　迪士尼擁有完備的產業鏈布局——媒體網絡、主題樂園及度假區、影視娛樂、消費性產品以及互動媒體四大業務板塊。這些業務線為迪士尼的 IP 建構了可以流轉、增值的空間，實現了全方位的商業變現，但究其根本，其中增長的核心還是來自迪士尼和粉絲之間創造美好回憶的深層連結，實現了迪士尼「讓人快樂」的客戶使命。

從客戶資本到客戶生態體系

　　以客戶價值為基礎的第二曲線，不僅提供了企業新的增長路徑，同時由於增長來源與既有客戶資源深度連結，還能強化企業原有的運作體系和生態，形成更完整的競爭壁壘。客戶生態體系是客戶資本的強大展現——在企業定義的生

態體系內對客戶核心需求進行產品服務組合,最大化客戶價值,尤其是潛力價值。

生活服務平臺美團即是這方面一個具體的例證。美團第一曲線的建立不可謂不辛苦,經歷了刀尖舔血的日子,美團終於在「千團大戰」中脫穎而出,在衣食住行中的「食」這項生活服務中站穩了腳步,沉澱了大量的客戶資本。也因為第一曲線的成功過程過於艱辛,加上網路的低轉移成本,讓即使是市場領先者的美團仍處於高度不確定性的環境。美團在站穩外送市場的腳跟後,迅速拓展「食」之外的生活服務領域,成功地成為綜合性線上服務平臺。美團的外送業務和電影票務市場占有率分別超過 50％和 70％,雙雙位列行業第一。而在 OTA(Online Travel Agency,線上旅遊)強勢的酒旅業務領域,美團過夜客房售出量已經超過攜程系列的總和,成為僅次於阿里巴巴和騰訊控股的中國第三大網路公司。如圖 7-3 所示。

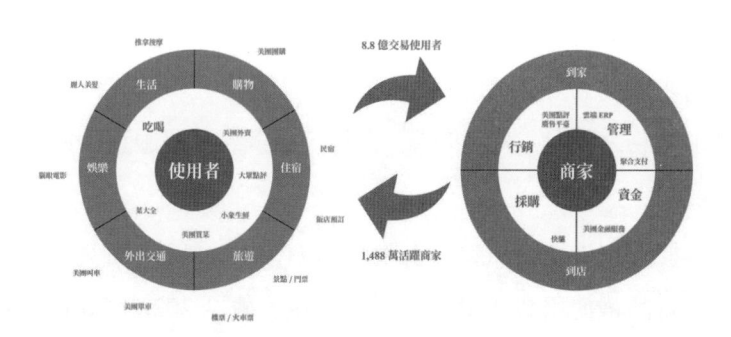

圖 7-3 美團客戶生態體系

第三部分　客戶資本三角模式層
　　　　　——如何升級

　　美團作為一個 O2O 交易型平臺，是商家與消費者的雙向連接點，其基礎的商業邏輯關注兩個點：「平臺」和「交易」。平臺意味著流量與客戶，而美團流量開始的來源是初期以餐飲團購為主的「吃」的流量，這種流量的本質特點是高頻率且回購率高，而在收購大眾點評之後，美團又獲得了另外一種客戶：關注流量——從大眾點評匯入的高品質評價，是消費者高度關注的資訊，進一步提升了客戶對平臺的信任與黏性。到此，美團基本完成了從關注到交易的流量布局，這個流量本質上是生活消費流量，而這個策略制高點幫助美團快速累積了高度的客戶資本價值。

　　隨後美團把客戶流量轉化進入一切可以形成生活服務交易的業務——優先高頻需求業務，高頻需求帶動中頻需求，聚低頻需求以形成規模效應。餐飲外送、到店和外出交通是高頻需求業務，電影、飯店、KTV 等是中頻需求業務，而婚慶、攝影、裝修等是低頻需求業務。美團構築業務體系的第一條原則就是圍繞「吃」占領所有高頻需求業務，其次以高頻需求服務帶動中頻需求、低頻需求業務，填補客戶在高頻需求業務之間的「時間間隙」，進一步擴大平臺服務的深度和廣度。

　　據北京貴士資訊科技有限公司（QuestMobile）研究，行動網路月活躍使用者的增速一直在下跌，截至 2022 年 6 月，中國行動網路使用者已達 11.9 億，行動網路的流量紅利接近尾

第七章　以客戶資本進行業務擴張

聲,而超級 App 進一步鎖定客戶的手機並以馬太效應放大,「使用者時間額度占比」成為競爭的重點。在留存時代,未來客戶的「時間額度」將會比「品類額度」更重要,這也是美團最好的增長機會。美團業務的引擎是流量,其業務本質是透過構築以消費者服務為中心的體系,在最大程度上獲取消費者的時間和空間,形成服務之間的引流和整體閉環,將客戶留在生態體系內,以最大化客戶價值。

如果說美團的客戶生態系統是在網路競爭的大環境下不得已而為之的策略舉措,小米則是將客戶生態體系作為企業增長核心基礎的企業,「因為『米粉』,所以小米」—— 這是小米 CEO 雷軍經常講的一句話。

在小米創業初期,第一個產品是 MIUI 作業系統,當時的目標是「不花錢把 MIUI 做到 100 萬」。在「零預算」的前提下,負責人帶領團隊泡論壇、灌水、發廣告、尋找資深使用者,從最初的 1,000 個人中選出 100 個作為超級使用者,參與 MIUI 的設計、研發、回饋,成為 MIUI 作業系統的「星星之火」,也是「米粉」最初的源頭。在硬體公司最核心的產品環節,「米粉」可以在小米論壇上參與調查研究、產品開發、測試、傳播、行銷、公關等多個環節,決定產品的創新方向或是功能的增減,小米會根據使用者提出的體驗報告資料,在下一個版本中做改進。這種將企業經營直接與使用者體驗和回饋掛鉤的完整體系,確保了員工的所有驅動是基於客戶

159

第三部分　客戶資本三角模式層
　　　　　——如何升級

的真實回饋，同時「米粉」也從一系列的活動中獲得榮譽感和成就感，成為小米彌足珍貴的客戶資本。

正因為有一批忠實的「米粉」，小米手機的生態體系不斷擴大，小米品牌順利過渡到其他產品，成功地建立起第二增長曲線。小米從 2013 年開始布局生態鏈，智慧型硬體的核心控制產品如手機、電視、路由器、平板、音箱等由小米自己來掌控，周邊產品則以「參股不控股」的方式進行合縱連橫，交給生態鏈企業來拓展，形成從中心點不斷向外擴散的同心圓圈層結構。手機購買本來是一個低頻需求行為，但在萬物互聯的時代趨勢下，小米促進了硬體產品與米家 App 及 IoT 平臺的整合，將生態鏈企業無縫接入其智慧型設備的硬體及軟體模組。生態鏈內部公司如森林中的樹木，樹木間透過樹木的根部（「米粉」／客戶）相互連接並獲取給養，樹木內部實現不斷的新陳代謝，在一些樹木老去的同時，很多新生的樹苗破土而出，從而保障森林四季常青。截至 2020 年，小米 IoT 平臺在全球共連接了超過 2 億臺智慧型設備。如圖 7-4 所示。

從客戶到供應鏈，再從供應鏈回到客戶，小米在 IoT 領域打造了一個以「米粉」為中心的客戶生態體系閉環，藉由生態圈中客戶價值的不斷累積，持續擴展產品發展邊界，並在產品的基礎之上，將更多的「路人粉」轉化為忠實的「米粉」。

第七章　以客戶資本進行業務擴張

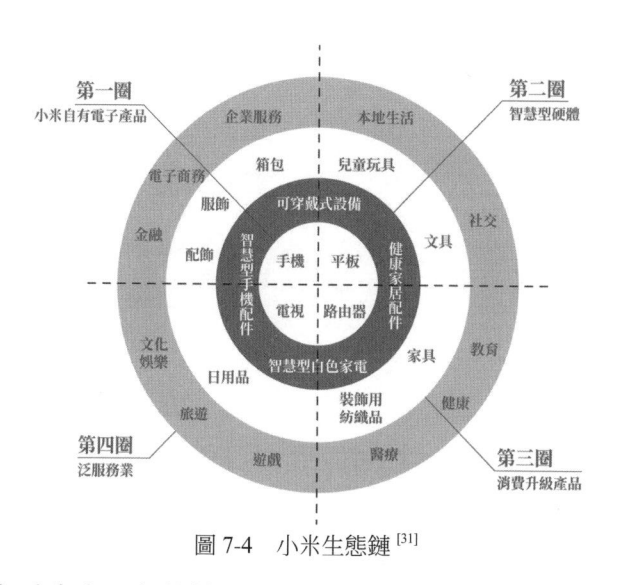

圖 7-4　小米生態鏈[31]

　　客戶資本三角的第二個策略角是模式層,討論的是如何更新客戶資本——如何重構企業與消費者的對價關係,以及如何建立以客戶資本為核心的第二增長曲線。客戶價值的深化,不只是讓客戶與企業能夠捆綁得更緊,同時也從另外一個角度使得客戶本身也作為一種資本可以被激發活化,形成與利益相關者新的交易結構,這也是數位化時代客戶資本變成公司最重要資產的原因。本書作者之一王賽在擔任海爾集團顧問的時候,曾經參與對客戶轉型策略的研究。海爾集團在傳統三張表(資產負債表、現金流量表、損益表)之外創新性地建構出第四張表——雙贏增值表。雙贏增值表包括客戶

---

[31]　圖片來源:〈解密小米生態鏈:從構建到定義產品〉,https://blog.csdn.net/acelit/article/details/80215820。

第三部分　客戶資本三角模式層
　　　　　——如何升級

資源、客戶增值共用、收入、成本與邊際效益等五大面向，它重點強調了企業客戶資源可以帶來的終身價值與衍生價值，強調客戶資本主義的理念，強調從過去以行業為基礎的策略視角。

　　轉向為客戶資本為核心的策略視角，這就是模式改變後的新視角。

第四部分

客戶資本三角機制層
——如何保障

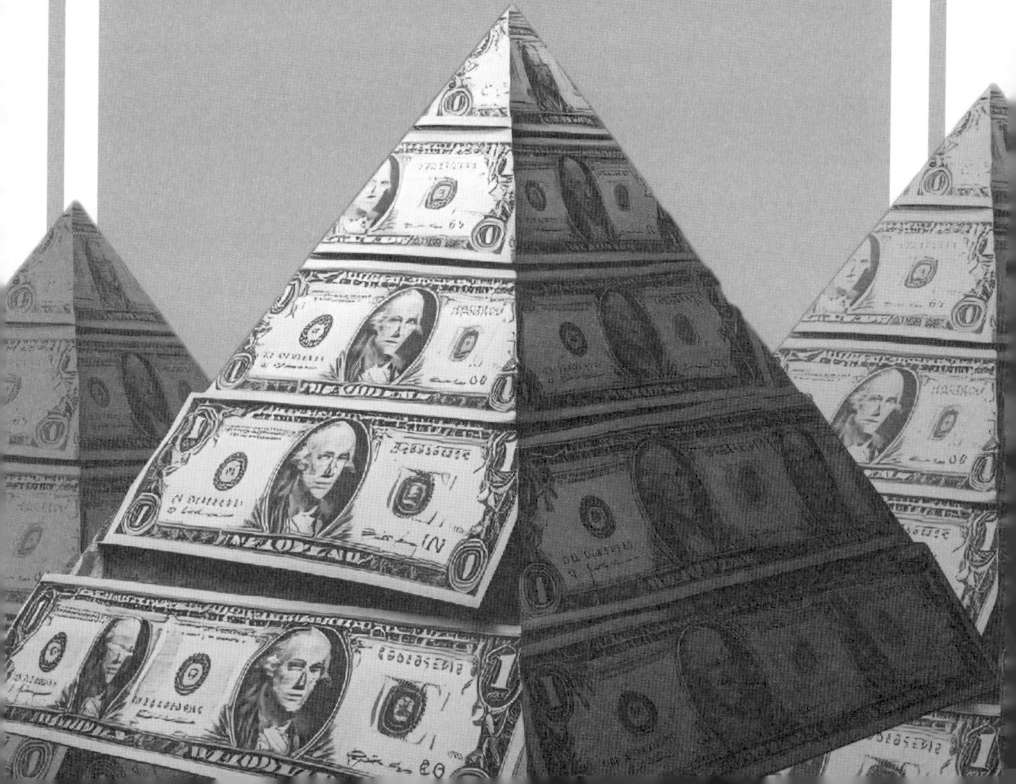

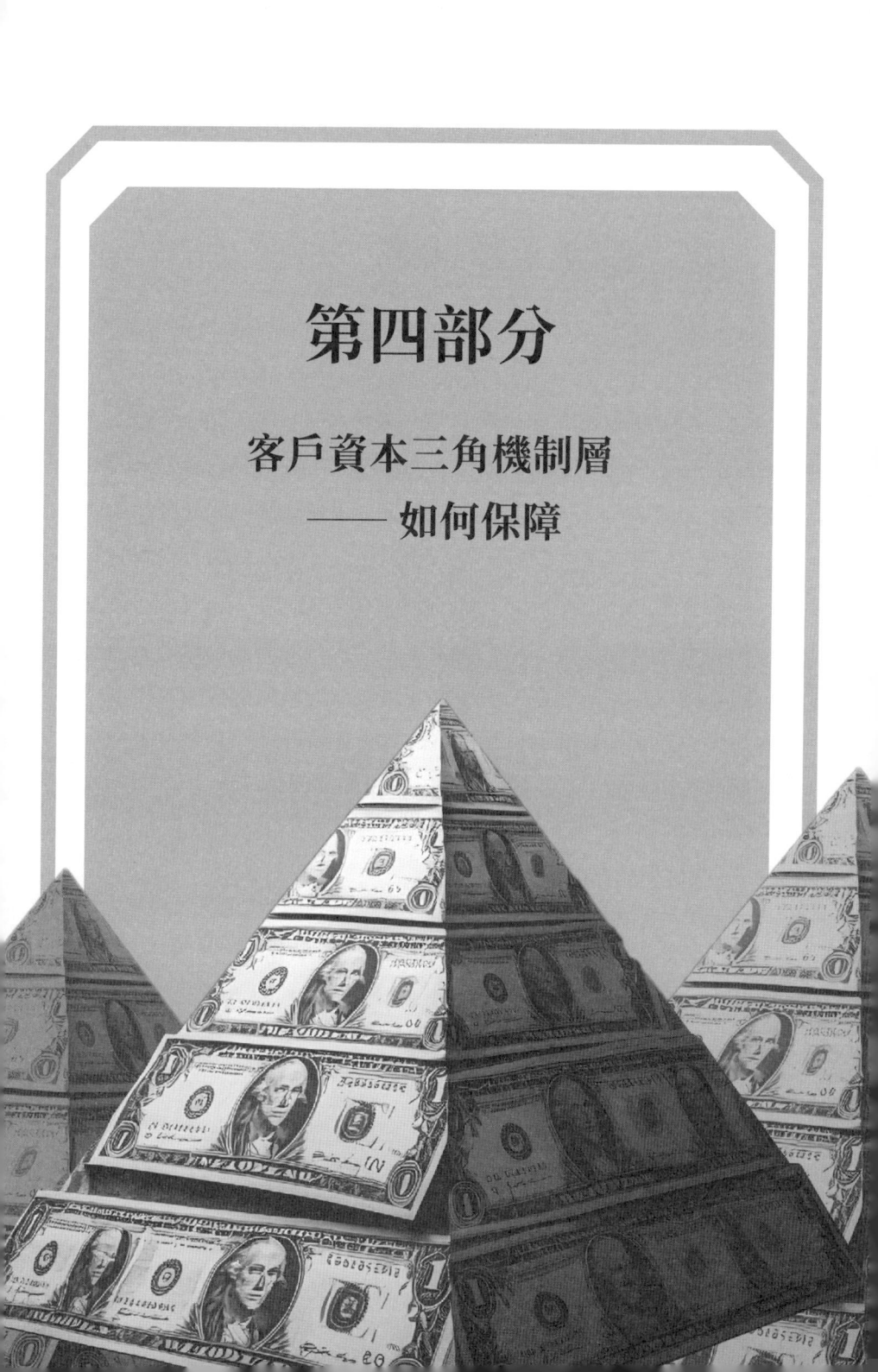

第四部分　客戶資本三角機制層
——如何保障

第八章　客戶管理機制

每一個策略的應用與實現都離不開「人」，而對一群人行為的干預便離不開「管理」。如果我們回到《孫子兵法》的「道、天、地、將、法」，其中的「法」就是組織、管理層面的規則，它定義了企業運作與指揮的模式。在本章中，我們將更多探索「由上而下」的管理能力：在明確客戶「北極星」指標與策略路徑之後，企業需要建立一套有效的流程機制、組織架構以及系統體系，以保障客戶使命與策略目標的實現。如果缺乏管理層面的保障，策略只會停留在若干高階主管的腦海和認知裡，不能轉化為企業全員的準則和行為。

反向驅動的管理機制

相較於企業慣性更多是「由內而外」的單向管理模式（從企業視角來制定一系列的管理行為與運作邏輯），客戶更多是在「被動」地接受企業給予的定位與輸出，因此，強調「以客戶為中心」的管理模式需要引入「由外而內」的反向驅動管理機制。所謂反向驅動管理機制，指的是透過系統性的蒐集與分析客戶輸入，來持續性地引導企業行為，確保「客戶視角」能充分地在企業中被實踐，形成管理閉環，最終固化為新的

第八章　客戶管理機制

企業慣性。

反向驅動的管理機制與大部分管理層熟悉的正向管理模式並不衝突，透過反向管理機制可以確保企業在追求商業利益的過程中，客戶價值仍能被充分考慮，從而實現我們在本書一開始提到的企業韌性與永續性的增長。

隨著數位化技術的進步以及企業更容易接觸到終端客戶，反向驅動的管理機制也十分多元，基本上可以分為以下三類：被動的客戶投訴／客戶聲音（Voice of Customer，VOC）溯源，主動的客戶意見蒐集或文字分析，以及積極的客戶參與機制。企業根據客戶目標與能力的不同，可以採取一個或多種機制來建立反向驅動的管理機制。

被動的客戶投訴／客戶聲音溯源

透過客戶投訴與客戶聲音管理是一個常見的企業進行反向驅動管理的模式。藉由被動的客戶聲音溯源，企業可以推動內部流程與機制的改善，高效地進行客戶價值的管理，尤其是對客戶留存價值的管理。

以第一章中提到的亞馬遜為例，為了有效建立反向驅動的管理機制，亞馬遜實行「按燈」制度，這源於亞馬遜在成立初期，傑夫・貝佐斯坐在一個叫佩吉的客服人員身邊聽電話發生的故事。當時傑夫・貝佐斯發現有大量的投訴是源於同樣的問題，第一線員工明知這是整批的問題卻無能為力，只

第四部分　客戶資本三角機制層
　　　　　——如何保障

好重複處理個體的投訴，但問題的根源卻始終得不到解決。於是傑夫・貝佐斯不顧成本的壓力力主上線這個機制：完全授權第一線員工，不管商品的銷量如何，只要被認定有問題就下線停止銷售，隨後就會產生工單，透過系統發到相關的部門進行原因調查，一直追查到問題的源頭，這個商品才能再次上架。儘管商品下架會立即影響當期的銷售，但追根究柢地解決客戶問題一方面確保根本性問題不會再重複發生，從而造成客戶價值的流失與重複的資源浪費，另一方面，「按燈」制度讓前端對商品引入與上架的流程和態度更為謹慎，一勞永逸地提升了企業經營效率。

　　中國國內也有不少有效踐行客戶聲音管理並進行反向驅動管理的企業，例如，工業品電商獨角獸震坤行即是其中之一。「聚焦客戶，創造價值」一直是震坤行創始人陳龍的關鍵理念，「客戶體驗」是一切決策和執行的前提——只有企業更加聚焦客戶價值的創造，才能成為全球最具價值的工業用品服務企業。而每週的「客戶體驗晨會」則是實現最佳客戶體驗的重要機制：包括上週客戶體驗復盤，回顧嚴重工單問題，各部門 KR（關鍵成果）及關鍵的 A（行動）等。客戶體驗晨會的目的不是問責，而是以最快的速度解決客戶體驗問題，這是最重要的一步；當下的問題解決後，第二件事才能形成解決問題的流程和機制。其中 CEO 和高層都會與會，確保客戶和第一線的聲音直接傳達到高層，且能得到最快速度

第八章　客戶管理機制

的支援和解決。透過不斷復盤「做什麼」和「怎麼做」，以確保客戶工單問題逐漸減少，反推企業進行持續性的改善與精益管理。

對於許多行業來說，客戶體驗整治是以週為單位來解決問題，但對競爭激烈的服務行業而言，客戶回饋的蒐集與閉環是刻不容緩的。亞朵酒店有個理念叫「負評不過夜」，每一位亞朵的總經理，每天早晚6點鐘會收到一份好評、負評單；有負評的，總經理要寫出負評的原因，以及如何整治，並於每天9點在亞朵酒店總經理大群組中把所有的負評過一遍。如此一來，任何客人的回饋，基本在2到3個小時內就能夠有效解決。

主動的客戶意見蒐集或文字分析

英文裡有一個名詞叫「沉默的大多數」。資料顯示，96%的不滿意客戶並不會投訴，他們會因為「嫌麻煩」、「投訴了也沒用」等想法而選擇直接離開，尋找更理想的替代者。這意味著企業如果只局限於從投訴中尋求改善，將錯失真正有價值的客戶心聲。客戶投訴（客戶聲音）更多是被動地了解客戶的訴求，而隨著數位技術的進步，有越來越多的企業透過不同客戶接觸點來更主動地獲取客戶意見，確保企業的運作與行為能更及時且精準地與客戶同頻，而不是事後的補救與管理。

第四部分　客戶資本三角機制層
——如何保障

OPPO 一直是全球最暢銷手機品牌之一，但面對飽和的手機市場競爭，OPPO 不斷地在追求客戶留存與客戶價值的提升。然而，在龐大的企業架構下，OPPO 長期存在「產品─行銷─銷售」資訊割裂的困擾。如果消費者的核心訴求不能明確貫穿全程規劃，資料鏈路不能揭示全程偏差與效度，就很難提出具有客戶視角的解決方案。因此自 2018 年開始，OPPO 開始利用數位化的方式來蒐集全鏈路多接觸點的客戶意見，透過定量（定性）問卷與文字分析能力來及時獲取客戶回饋，從原先的產品環節最佳化開始打通行銷、銷售、服務、軟體、網路等全公司領域，甚至是外部的經銷體系，形成以單一客戶視角的全鏈路管理；與此同時，由專責組織與機制來負責跨部門最佳化行為的實施與應用，確保管理閉環的實現。

積極的客戶參與機制

不論是被動的客戶聲音還是主動的客戶調查研究，雖然都是將客戶視角傳導到企業運作的鏈條當中，對企業經營提供管理價值，但企業與客戶間仍有不同的站位，客戶並未參與到企業活動中來。前面章節曾提及客戶參與，即讓客戶更積極地參與到企業運行的過程中來，把客戶意見直接融合在企業的日常經營之中。

以小米為例，小米是一家少見擁有「粉絲文化」的高科

第八章　客戶管理機制

技公司。雖然小米多數產品偏向線下的消費電子硬體，但高度融合網路基因後，線上擁有了大量優質客戶資產。對小米而言，客戶並非上帝，而是朋友。小米的三個策略和三個戰術，在內部被稱為「參與感三三法則」：第一個「三」，是三個策略──做熱門商品、做粉絲、做自媒體；第二個「三」，是三個戰術──開放參與節點，設計互動方式，擴散口碑事件。

筆者在上一章有提及，MIUI 系統是小米產品生態體系的核心，先於小米手機誕生，每次版本升級，絕對有成為獨特性的產品功能。客戶參與是 MIUI 的 DNA，2010 年第一個版本裡 100 名使用者的積極參與，奠定了小米特有的「米粉文化」，到 MIUI 發表整整一週年時，小米已經擁有 50 萬使用者。小米在客戶參與的過程中形成了自己獨特的「橙色星期五」網路開發模式，建構了 MIUI 10 萬人的網路開發團隊模型。在這個過程中沒有花一分錢在廣告投入上，也沒有任何流量交換，小米僅憑藉口口相傳，就讓客戶在參與小米的產品開發過程中把作用發揮得淋漓盡致。

英國人民超市（The People's Supermarket）的企業願景是建立一個永續發展的商業模式，將城市社區與當地的農業生產者相聯結，為民眾購買食品提供另一種選擇，成為在實現增長與盈利的同時，完成社區發展與凝聚價值理念的社會企業。人民超市有獨特的會員制度，任何人都可以在超市買東

第四部分　客戶資本三角機制層
　　　　　——如何保障

西,但如果成為會員,顧客在享受權益的同時,需要承擔一些義務:每位會員每年要交 25 英鎊的年費(1 英鎊作為合作社的股份),每 4 週要撥出 4 個小時到店服務。作為回報,會員在店內購物可享受 20% 的折扣,並共同享有超市的所有權,在超市做出重大決策時,能夠民主地參與其中(例如就薪資、供應商、產品、管理團隊等事項進行投票時享有投票權)。作為一家食品合作社,人民超市以對消費者和生產者公平合理的價格為基礎,提供當地社區物美價廉的食品。人民超市重新定義了顧客與超市的關係,讓顧客真正參與到超市營運中。

反向驅動管理機制的模式很多元,不論是系統性地將客戶回饋與輸入轉化為企業的經營行為,還是設計流程機制,讓客戶參與到企業的經營活動當中來,都是保障客戶價值實現、確保企業新慣性建立過程中不可或缺的要素。

固化變革的組織能力

反向驅動管理機制為企業經營帶來不同的管理視角,然而,新的管理輸入勢必與現階段的企業活動有所磨合,在這樣的背景下,企業需要有高效的組織能力來促進並固化轉變的發生。因此,專責的客戶管理團隊,或經驗長(Chief Experience Officer,CXO)、顧客長(Chief Customer Officer,

第八章　客戶管理機制

CCO)也就應運而生了。然而,並不是所有企業都需要單獨設定專責的高階管理職位來推動客戶工作的發生,而是要確保有足夠的資源與權責來建立新的企業慣性。例如,筆者曾提及的亞馬遜的傑夫・貝佐斯、美捷步的謝家華、OPPO的劉作虎、小米的雷軍、亞朵酒店王海軍、震坤行的陳龍等,均是由企業的一把手或是高階管理者來主導企業服務客戶能力的建設。

一般而言,客戶管理團隊需要具備以下幾項關鍵能力。

協調與賦能不同職能部門:客戶管理團隊需要打破企業內部的「孤島效應」,實現組織、流程與資料上的協同,確保客戶視角能滲透到全客戶旅程中,提供職能部門關鍵的客戶意見,且能有效組織跨部門資源來解決客戶問題或是實踐客戶舉措。

專業的客戶分析能力:雖然不少企業已經擁有或多或少的客戶研究與分析能力,但就筆者的觀察而言,大多數的客戶分析仍停留在解決日常經營問題的層次,缺乏策略性的視角與統籌性的資源規劃。企業要建立卓越的服務客戶能力,客戶管理團隊需要進一步發展整合客戶旅程管理能力、客戶研究與洞察能力、資料分析能力、體驗測量能力等,來支撐客戶策略的規劃與舉措的應用。

建立客戶願景與組織管理:對大多數企業而言,「以客戶為中心」的轉型是近幾年才逐漸變成企業核心策略議題的。

第四部分　客戶資本三角機制層
　　　　　——如何保障

根據倍比拓管理諮詢與體驗社群 UXRen 於 2022 年發表的《客戶體驗管理成熟度白皮書》，有超過 60% 的企業目前客戶轉型階段屬於起步期與發展期。對於大部分企業而言，客戶管理團隊在轉型初期肩負著企業願景與策略路徑的制定，並同時承擔策略舉措的推動甚至考核的職責與功能。中國國內企業客戶體驗管理成熟度分布情況如圖 8-1 所示。

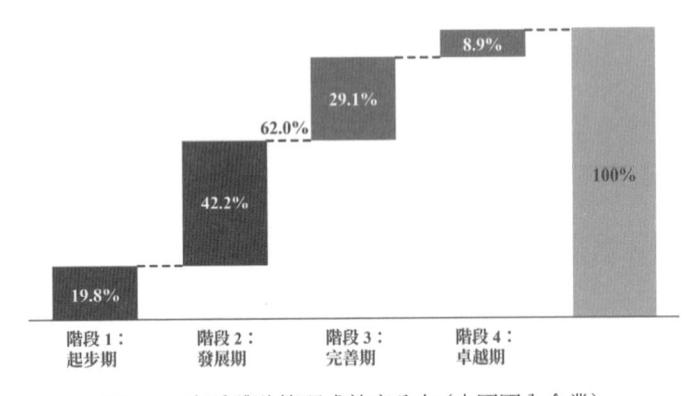

圖 8-1　客戶體驗管理成熟度分布（中國國內企業）

從《客戶體驗管理成熟度白皮書》中可以進一步發現，有越來越多的企業開始投入專屬的組織資源，計劃將客戶工作更好地融入企業經營的過程當中，其中有將近 3 分之 2 的企業已經設立了專責的客戶體驗管理部門，只是六成以上的專責職位成立於近 3 年內，代表為數不少的企業在客戶轉型道路上仍處於初步探索的階段。美國著名的體驗研究機構 Forrester 在對 2023 年客戶趨勢的預測中曾指出：80% 的客戶團隊仍然缺乏關鍵的客戶體驗專業技能。如圖 8-2 所示。

第八章　客戶管理機制

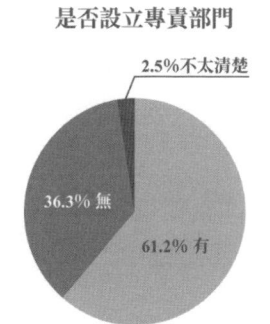

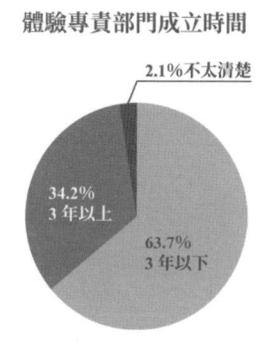

是否設立專責部門
- 2.5% 不太清楚
- 36.3% 無
- 61.2% 有

體驗專責部門成立時間
- 2.1% 不太清楚
- 34.2% 3 年以上
- 63.7% 3 年以下

圖 8-2　中國企業體驗組織發展現況

鑒於企業特性與所屬行業類型的不同，企業的客戶管理組織也有不同的形態。有些企業利用現有組織的能力基礎來對客戶工作進行管理，例如華為的品質營運部、vivo 的策略部；部分企業建立專責的客戶單位來提升部門的專業性，聚焦資源來實現策略目標的實現，例如平安集團從集團到子公司建立了一系列的客戶體驗管理體系，方太建立了企業層級的客戶體驗部門；網路企業本身的客戶 DNA 基因較強，許多客戶管理工作與產品營運以及 UX（使用者體驗）／UI（使用者介面）設計融合在一起，例如騰訊的使用者研究與體驗設計中心（Customer Research & User Experience Design Center，CDC）[32]。

我們以個別企業為例展開討論。華為品質營運部便是衍生現有組織來對客戶價值和產品品質進行管理。從流程管理

---

[32] 騰訊 CDC 於 2023 年分拆，以與前端事業部進行更緊密的結合。

第四部分　客戶資本三角機制層
　　　　　　——如何保障

到標準量化,來奠定品質文化以及後來以客戶體驗為導向的閉環,都是華為大品質體系的演化與核心構成。華為在品質營運部下增設客戶體驗管理的職位,負責淨推薦值調查研究、流程、標準、組織、活動、工具、度量及人員賦能等職責,與不同部門下的體驗設計進行對接,實現對業務線客戶體驗的協同管理,並在 2010 年成立客戶滿意與品質管制委員會(CSQC),作為一個虛擬化的組織存在於公司的各個層級當中,由公司的輪值 CEO 親任 CSQC 的主任,找到各領域客戶最為關切的問題,制定重點改進的措施,保證客戶最關切的問題能夠快速得到解決。

除了從現有組織基礎衍生來進行客戶體驗管理外,有些企業會設立專責的客戶單位,如平安集團的客戶體驗部便是獨立的客戶管理體系。作為多元化金融產業的代表之一,平安集團從 2014 年開始將客戶價值作為專項工作納入重點專案,建立了一個以客戶淨推薦值為核心,從客戶研究、產品設計、服務流程設計到客戶忠誠度調查的完整客戶體驗管理體系。為了確保客戶體驗管理工作的高效運行,集團從組織架構上進行調整,成立集團客戶體驗管理部門,落實子公司、分公司體驗管理與客戶服務專員,完成客戶回饋監測、體驗管理體系以及洞見分析等基礎設施搭建,與技術部門共同推動體驗資料的挖掘與應用,將體驗洞見轉化為直接生產力,融入業務發展中,同時成立集團品牌管理委員會和客戶

第八章 客戶管理機制

體驗管理委員會,協調品宣和客戶體驗重大工作,實現端到端、跨子公司的客戶經營。

由於網路企業的客戶 DNA 以及發展時間較早,客戶管理的思維與能力與日常經營活動如產品營運、UX/UI 設計有更深度的融合,有些網路企業的客戶團隊早期是扮演規則制定與管理的職責,在產品運作成熟之後即跟業務團隊整合在一起,如騰訊 CDC。騰訊 CDC 於 2006 年成立,是中國國內網路設計行業最具有歷史累積的團隊之一。CDC 是個獨立的部門,擁有一票否決權,即無論市場和產品經理、企劃、開發做得如何,如果 CDC 沒有通過,這個產品就無法上線。CDC 確保體驗品質以及跨產品部門之間的高度一致與統一。騰訊早期產品如 QQ、QQ 空間、QQ 音樂、QQ 影音的誕生都看得到 CDC 的影子。隨著網路產品營運的客戶思維與能力日益成熟,加上中臺架構的效率逐漸下降,CDC 在 2023 年退出企業舞臺,但其在網路發展上的歷史定位仍不可磨滅。

為了確保「以客戶為中心」能有效應用,亞馬遜在公司內部設定了 CXBR 的職能。CXBR 全稱是 Customer Experience Bar Raiser,可以理解為「顧客體驗把關人」。作為組織內監督客戶管理工作的「客戶代表」,CXBR 是作為站在顧客立場思考的客戶專家,代表客戶對專案和產品的客戶價值與體驗進行把關。在亞馬遜會議上,CXBR 需要換位思考,立場不再是亞馬遜員工的立場,而是要假設自己是真正的客戶,站在客戶視

第四部分　客戶資本三角機制層
　　　　　——如何保障

角提出各式各樣的問題，對產品進行質疑和挑戰，並要求合理解釋。亞馬遜所有重要產品和專案評審都要邀請 CXBR 參與。要成為 CXBR 需要經歷一連串嚴格的資格審查、培訓認證以及實習考核的過程，很多亞馬遜的管理高層會提出申請該職位，並在百忙之中抽出時間參加培訓認證程序，但職位高並不意味著就能通過，關鍵還是在於是否能站在客戶立場提供回饋，並在面對不同立場時能堅持「顧客至上」的原則。CXBR 機制是保障客戶體驗的重要環節，這樣嚴格的形式，清楚地展現了客戶價值在亞馬遜是如何得到執行上的強力保障的。

　　有些企業會進一步將客戶管理的動作固化為流程，來確保機制的連續性與標準化。以歐洲領先的貿易和零售集團麥德龍（Metro）為例，其中國業務自 2019 年開始，結合物美集團的資源，從早期的倉儲式超市的商業模式，轉型進入會員制超市的領域。過去的麥德龍習慣於服務企業客戶，銷售大多為傳統的批發模式，而會員制超市則要求對目標客戶價值的精準洞察；在目標人群向新中產人群傾斜後，麥德龍則需要定位到新中產的購買需求。於是麥德龍投入大量資源，從源頭的客戶洞察，到資料分析、議題分解與方案制定，由管理層牽頭建立了一套完整的流程體系，牽引組織打破原先格局，創造更多跨部門的溝通與協調，圍繞著核心議題來完成經營規劃，思考如何能夠讓更多的消費者喜歡上麥德龍的商品，願意為會員付費。如圖 8-3 所示。

第八章　客戶管理機制

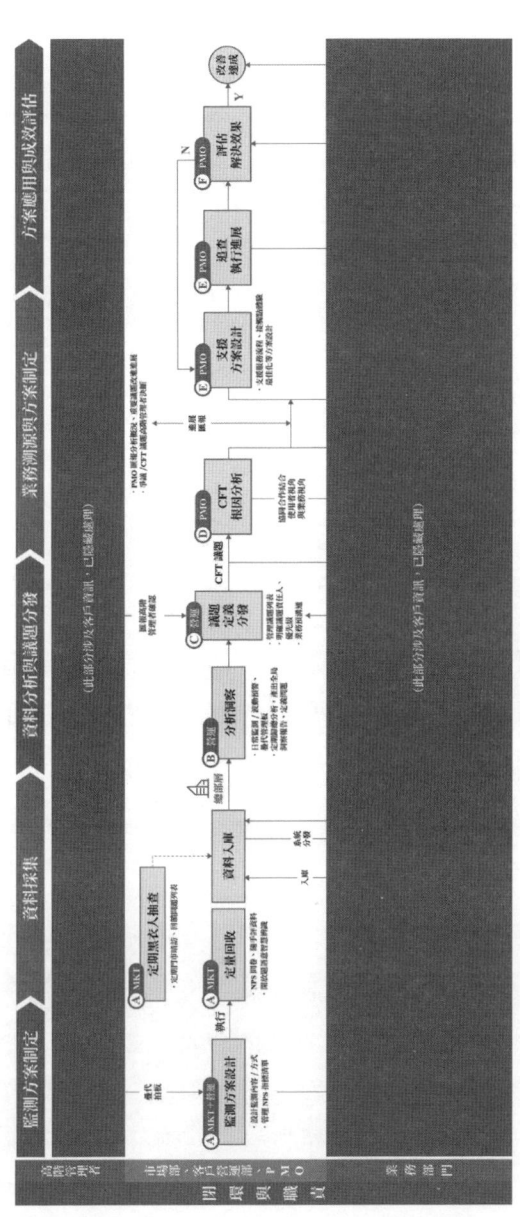

圖 8-3　麥德龍客戶價值管理流程（筆者諮詢案例範例）

第四部分　客戶資本三角機制層
　　　　　　——如何保障

　　雖然不同企業在組織與運作模式上形態各異，但核心目標不變——確保「以客戶為中心」的反向管理機制能有效地在企業中推動與應用，引導組織行為並形成新的企業慣性。許多企業在閉環搭建的過程中會引入考核指標來確保閉環的實現，但不少企業在建立考核標準的過程中往往過度強調「目標」的實現，導致客戶策略舉措與組織行為圍繞在提升表面上的數字，而失去為了實現「目標」背後的目的。指標選擇與目標制定需要科學且精準的規劃，以確保目標考核能有效達成客戶價值提升的最終結果。

數位化的客戶管理能力

　　進入數位化時代後，資料已經儼然成為企業最重要的資產，關於如何建立反向驅動的管理模式，已從方法理論衍生至相關軟體技術研發領域。數位化能幫助企業在執行客戶目標管理上帶來下面四大效益，以高效、透明的方式協助企業持續提升客戶價值。

　　提升客戶資料的全面性、即時性和準確性，降低客戶理解成本。隨著管道和客戶旅程接觸點的多樣化，客戶與企業的互動遍布線下線上，資料分散問題越來越嚴重，企業難以全量捕捉、統籌資料。數位化平臺能夠幫助企業高效理解客戶，提高客戶管理團隊的工作效率。

第八章 客戶管理機制

實現客戶追蹤的視覺化，幫助企業上下以統一視角了解客戶現況，對客戶價值改善方向達成共識。數位化平臺能為企業提供高效的資料分析工具，實現體驗分析洞察自動化、及時化，降低企業內各部門資料分析洞察能力參差不齊帶來的影響；同時，數位化平臺將分析結果以視覺化儀表板呈現，以便企業有統一的客戶視角，基於全旅程的資料來審視客戶價值與體驗。

精細理解每個客戶的個性化需求，指導業務推展針對性的行動，真正提升每個客戶的體驗與忠誠度。數位化平臺依託平臺上大量的資料累積與系統工具支援，可以對每一個客戶過往的互動經歷、偏好需求有細膩的理解，並以此為基礎，提供智慧化、個性化的行銷、產品或服務推薦。

利用沉澱的客戶資本，為企業發展品牌、產品、服務的升級提供決策的依據。藉助數位化平臺幫助企業將資料整合並有效沉澱至中臺後，當企業未來在規劃策略或業務（如品牌建設、產品研發、服務規劃等）時，業務部門就可以拉取出更全面豐富的客戶資料，深度理解客戶，以資料驅動科學決策。

我們在本書第一部分客戶目標的相關章節中曾提到「客戶資本」的目標管理體系由客戶體驗指標以及客戶營運指標構成。因此，企業在數位化建設上就需要建立對客戶體驗指標和客戶營運指標的資料探勘與分析的能力。從《客戶體驗管理成熟度白皮書》中可以發現，在眾多正在建立服務客戶

第四部分　客戶資本三角機制層
　　　　　——如何保障

能力的企業當中，有高達 70% 的企業在客戶資料管理方面的表現不甚理想。

　　客戶營運指標是指客戶留下的「痕跡」，如購買行為、活躍度、事件參與度、顧客足跡、轉化率、跳離率、重複購買次數等，這些資料是客觀存在的，用於告訴企業「客戶已然發生的行為，即做了什麼」，更多是結果的「What」。企業在面對數量級龐大的客戶營運指標之前，需要定義與客戶價值相關的營運指標來進行有效的追蹤與管理。客戶體驗指標是指客戶的感知回饋，如 NPS 淨推薦值、客戶滿意度、品牌喜好程度、易上手程度等，它告訴企業客戶為什麼會有這些行為，以及企業相對於市場其他競爭對手的感知差異，更多是反映結果背後的「Why」。企業在管理客戶價值與端到端客戶旅程時，客戶營運指標能協助企業分析指導經營行為，並對影響客戶資本的關鍵因子建立及時回饋，並最終與客戶體驗指標交叉融合，洞見更全面的客戶畫像，實現精準行動。

　　打造數位化客戶管理能力也有不少路徑：有些企業會將客戶管理能力與數位行銷平臺相結合，透過客戶資料平臺（Customer Data Platform，CDP）或行銷自動化平臺（Marketing Automation，MA）等延伸其技術能力，進一步增加客戶相關標籤來進行客戶價值管理。部分企業會在傳統的客戶管理系統（Customer Relationship Management，CRM）或結合社群平臺能力的社會化客戶關係管理系統（Social Customer Rela-

第八章 客戶管理機制

tionship Management，SCRM）上進行升級，建立更多的客戶體驗指標來實現客戶價值的管理閉環。此外，近年來也有越來越多的企業匯入客戶體驗管理平臺，從更獨立且明確的客戶視角來對客戶價值進行評估與管理。

在海外，「以客戶為中心」的企業管理趨勢起步較早，國際上也出現了諸如 Qualtrics、Medallia、Momentive（原 SurveyMonkey）等一批以 CEM 平臺為技術基礎的獨角獸企業。

Qualtrics 於 2001 年以「面向客戶研究人員的線上調查研究工具」切入市場，憑藉強大的 SaaS 產品能力及平臺的易用性迅速占領中小企業的客戶管理市場。2018 年 Qualtrics 被德國商業軟體大廠 SAP（思愛普）收購後，在 SAP 的資源挹注下營收快速增長，並在 2021 年上市市值高達 273 億美元。截至 2021 年，Qualtrics 已涵蓋近 90% 的《財星》（*Fortune*）世界 100 強企業。隨著大量客戶的累積及產品功能的完善，Qualtrics 捕捉到了數位化客戶管理市場的先機，率先提出 CEM 管理「資料收集、分析、改善閉環」三步走理念，並推出體驗管理平臺 XM platform，成功從調查研究產品轉型為體驗管理解決方案，協助企業更高效、準確、全面地進行客戶洞察以及客戶價值的管理與分析。

Medallia 於 2000 年創立，相較 Qualtrics 以 SaaS 產品著稱，Medallia 更偏向於服務走客製路線的大型企業，致力於為行業大企業客戶提供深入的諮詢服務及客製化的體驗管理

181

第四部分　客戶資本三角機制層
——如何保障

方案。2011年，Medallia大客戶數（指企業年營收規模超過15億美元的客戶）已突破百家，歷年年收入增幅超過20%。Medallia針對大型企業複雜的組織管理架構與業務流程，能夠和企業既有系統打通，即時動態地同步組織架構中的任何變化，結合精細化的資料許可權和訪問控制，真正實現在正確的時間將正確的客戶洞察傳遞給正確的人，並採取正確的行動進行閉環。截至2020年，Medallia服務超過千家行業頭部企業，涵蓋通訊、酒旅、保險、銀行等行業前十企業的70%。

儘管服務的側重點不同，但Qualtrics和Medallia分別代表著海外CEM的崛起與成功，而這個浪潮也推動了中國國內一撥數位化客戶管理產品（如體驗寶、倍市得、浩克、雲聽、體驗家等）的興起。

孟子云：「不以規矩，不能成方圓。」本章討論的客戶機制即建立企業規矩，在實現客戶價值的過程中，企業管理層需要有機制、組織、系統的途徑，確保企業機器能夠遵循著正確的方向來實現「以客戶為中心」的轉型。縱觀市場上在客戶價值發展上較為成功的企業，它們或是透過衍生現有的組織能力，或是建立專責的客戶單位，以落實客戶價值管理的工作。企業應該依照所屬產業的類型和自身特性來決定客戶管理組織的形態，自上而下地從流程機制、管理模式、數位化能力等環節對客戶價值進行統籌性的規劃，引領企業樹立新的核心競爭力。

第九章　文化滲透能力

在談論客戶資本三角如何實現的機制層中，我們先探討了「由上而下」的具體管理能力，更多是透過流程機制、組織架構以及系統體系，以「剛性」的舉措來引導組織行為，建立服務客戶的能力。在本書最後一章，我們將要探索「由下而上」的文化滲透能力。根據筆者多年與大量企業高階管理者交流的經驗，具有客戶思維的高階管理者（尤其是企業創始人）不在少數，但唯有與客戶直接互動的第一線、基層員工具備從客戶視角思考的意識與能力，以「客戶為中心」的願景只有透過他們才能真正成為企業的核心競爭力。

2023年1月26日，企業文化與組織心理學領域的開創者和奠基人埃德加・席恩（Edgar H. Schein）教授於美國逝世。席恩對企業文化理論貢獻重大，被稱為「企業文化理論之父」。他的核心觀點是要看待企業，不僅要看策略、器具、流程系統以及規章制度，還要看到物質和行為表現背後的根源，這些規則背後有一種潛在的暗流湧動，那就是企業的價值觀，價值觀背後的信念、預設以及觀念，這些看不見的元素才是真正的文化，是企業真正的競爭力來源。這就是為什麼我們在談完策略、經營以及機制後必須最後歸根於文化。

◁ 第四部分　客戶資本三角機制層
▼　　　　　——如何保障
◁

的確，企業文化看似是虛的東西，但是它又是無比之實且有力的東西，因為它潤物細無聲地落在企業與客戶互動的每一個環節之中。

美捷步是全球最大的 B2C 購鞋平臺之一，成立 8 個年頭就實現了銷售額從 160 萬美元到 10 億多美元的飆升，市場占有率占美國鞋類網路市場總值四分之一強，每 38 個美國人當中，就有一人曾購買過美捷步的鞋或相關商品。美捷步的成功與其華裔創辦人謝家華的客戶理念密不可分。他在自傳《三雙鞋》(*Delivering Happiness*) 中曾提及，「傳遞快樂」、為顧客帶來「無敵式使用者體驗」是美捷步企業經營的核心理念。美捷步被津津樂道的並不僅是鞋子，而是它是一種讓人們快樂的親和力，是「一家恰好賣鞋的客戶服務公司」。

美捷步的商業模型並不複雜。每一位客戶在美捷步購買 1 雙鞋子，會收到 3 雙一模一樣的鞋子，客戶可以在試穿之後，保留最合適的一雙，其他兩雙退回來，而且免運費；同時，在 365 天內，如果客戶對鞋子有任何不滿意，都可以無條件退換，同樣免運費。

產品僅僅是美捷步以客戶為中心的一環。由於網購平臺的特性，網路企業往往缺乏與顧客間傳遞親和力、建立親密關係的機會，因此客服就成為客戶旅程中不可忽視的接觸點。美捷步認為「溝通」是商業成功的關鍵，不應將任何客戶降級為電子表格。而電話是 B2C 平臺客戶服務不可或缺的一

第九章　文化滲透能力

部分,因此美捷步的客服號碼 1-800 以橫幅的形式顯著地呈現在網站的每一頁上。美捷步最為人稱道的便是其近乎變態的客服:假如客戶在美捷步找不到自己想要的鞋,客服會至少提供 3 個同類網站(甚至包括競爭對手),讓你找到自己想要的鞋子。除了買鞋之外,美捷步的客服還能為客戶解決所有問題——有客戶打電話來,說很孤單想聊聊天;有客戶打電話問,明天和女生約會該穿什麼樣的衣服。美捷步客戶服務中心記錄的員工和客戶間最長的電話互動時間達到驚人的 10 小時。

呈現在客戶面前的產品與服務僅僅是結果,而支撐前端舉措的根基則要回到美捷步的客戶文化,其已融入美捷步整個管理體系甚至公司策略決策層面。在招募員工時,美捷步會提供為期四週的培訓期,著重建立員工對公司文化、策略和客戶服務價值觀的認同。在此培訓結束時,每位潛在員工都會收到「報價」——一筆離職「獎金」,美捷步希望透過一筆報酬,讓員工明白他們不是因為覺得要盡義務而留在他們不感興趣的公司或職位上,從而避免企業文化被稀釋。

同樣的文化思考同時反映在管理層的策略決策上。在 2005 年,當時的亞馬遜曾對尚未盈利的美捷步提供收購邀約,但創辦人謝家華以品牌和文化可能會消失而婉拒。一直到 2009 年,管理層認為美捷步和亞馬遜之間有共同的客戶目標:亞馬遜同樣為了客戶做到了極致,甚至不惜犧牲短期

第四部分　客戶資本三角機制層
　　　　　　——如何保障

的利潤，只不過二者在如何實現方面有不同的做法。與此同時，亞馬遜在收購條款中認同美捷步文化的獨特性並承諾對其進行保護。最終，美捷步同意以 12 億美元被亞馬遜收購。

美捷步的退貨率高達 25%，再加上大量的客服投入，每年美捷步在這上面支出近 1 億美元，這在傳統商業邏輯中可能會被認為是無效的浪費。美捷步從不打廣告，75% 的客戶都是老顧客。這些老顧客的交易額是新客戶的 15 倍，維護成本卻只有新客戶的 6 分之 1。正是這樣的客戶文化與營運模式，孕育了一家商業成功與客戶雙贏的企業。

類似的企業文化同樣可以在飯店市場中異軍突起的亞朵酒店看到。亞朵酒店從 2012 年創立，到 2023 年登陸那斯達克，靠的就是「客戶第一」的文化價值觀。創始人王海軍把自身在不丹以及雲南亞朵村旅途中所體驗到的幸福，轉變成企業的理念，將內心安靜的力量變成產品、變成房間、變成文化，傳遞給城市裡的人，幫助他們找回自己幸福的道路。

王海軍對亞朵人的要求是「有溫度連接」——內心有溫度，可以溫暖別人。在這個基礎上授權第一線，每一位工作人員都有人民幣 500 元額度（或一天房費的權利）去解決每一個客戶回饋問題時所提出的合理需求，讓每一位工作人員接到客戶回饋的問題時，可以第一時間有決心、有勇氣、有資源去解決。這看似簡單的舉動，需要經歷「勇於」、「善於」、「樂於」幾個管理層次與員工心態上的突破，如果不是強烈的

第九章　文化滲透能力

文化底蘊支持,往往會流於形式,或是在幾次錯誤的嘗試中戛然而止。

為了讓「客戶第一」的文化價值觀能夠滲透到經營的各個微血管中,亞朵建立了全員按讚制度,每人每月有五張按讚幣給對你幫助大、你最滿意的人,每年評選優秀員工只需要看按讚幣排名。與此同時,亞朵的「全員吐槽計畫」則是在工作中對任何人有意見,都可以在網路上發起吐槽,被吐槽人接到吐槽的 48 小時內要進行回饋,吐槽人要針對回饋結果進行評分,以此確保企業運行中能不斷地踐行客戶文化的目標。

美捷步和亞朵酒店的案例為我們帶來了思考:「以客戶為中心」的企業文化會如何塑造一個企業的形象?如何為企業創造商業價值?如何為企業建立差異化的競爭力?要學習一家企業的舉措是容易的,但是要能成為一個客戶企業卻需要深耕客戶文化的底層邏輯。因此,我們要談論一個關鍵的問題——什麼是企業文化?企業文化就是企業及其成員不斷重複而形成的肌肉記憶,從而由肌肉記憶改變成行為習慣,最終形成思考方式。企業文化的建設靠的並非一招斃命的絕招,而是滴水穿石的文化底蘊。企業的肌肉記憶該如何建立?從筆者過去 20 年來的諮詢經驗以及對中外成功企業案例的總結,我們可以從四個方向來思考:尋找對的人、日常觸手可及、具體化的事例以及高層以身作則。

187

第四部分　客戶資本三角機制層
——如何保障

尋找對的人

改變人的價值觀是一件漫長且艱難的過程，最有效的方式即覓得志同道合的人。「以客戶為中心」的企業會從招募環節開始就對候選人的價值觀做評估與判斷，除了專業素養之外，企業希望加入的員工能對企業的客戶使命有一定程度的認同。儘管這會增加一開始的徵才難度，但企業文化的契合卻能大幅降低後續經營過程中的溝通與共識成本，維護「以客戶為中心」的文化濃度，確保企業能夠長期航行在正確的航道上。

迪士尼是典型從源頭即開始打造客戶文化的企業，其創始人華特・迪士尼認為：「誰都可以暢想、設計和建設全世界最美好的樂園，但要讓這樣的夢想成為現實，其關鍵要素取決於『人』。」從迪士尼對員工的定義而言，員工並不是「員工」，而是「演員」——不僅扮演迪士尼真人角色的是演員，而且樂園中每個員工都是演員，無論他們是操作遊樂設施、上菜還是實際參與演出，整個迪士尼樂園本身就是一個大舞臺，甚至迪士尼徵才網站都寫著「向演員開放的難得機會」。對很多人而言，在迪士尼工作不見得是薪資最高的，但對工作的要求很高。比如扮演迪士尼角色的人，不論寒暑都需要扛著 5 公斤左右的頭套；員工需要遵守嚴格的規定和準則；迪士尼樂園地面的整潔程度要接近「嬰兒可以在地面爬行」的

第九章　文化滲透能力

標準；樂園內的員工遇到孩子時，應蹲下讓自己的眼睛和孩子們的眼睛保持同一高度；有人詢問樂園相關問題，絕對不允許用「不知道」來回答，員工需要詢問其他人或打電話給樂園管理者，直到找出答案……這些落實在與遊客日常接觸的點滴，如果只依靠外部剛性的要求往往很難準確且徹底地執行，更遑論要在碩大的樂園中點亮「安心」、「快樂」的魔法。對迪士尼而言，10 減 1 不等於 9，10 減 1 的結果是 0。為了創造絕佳的體驗與服務，迪士尼從招募到培訓，都讓每一位員工能深刻理解企業使命，懷著對工作的自豪來表現在迪士尼工作的真正意義：帶來快樂。

日常觸手可及

除了從「人」的特質本身著手外，文化既然是潛移默化的力量，就需要融入員工的日常工作生活當中。當企業的價值觀變成員工生活的一部分，員工的行為舉止自然而然就形成了企業的慣性，而不是依靠外在剛性機制的力量來實現。

有些企業會充分利用客戶聲音來向內部員工展示客戶最重視的是什麼。例如，OPPO 設有專屬部門負責客戶體驗文化宣導工作，以實現充分滲透的客戶文化。專責單位會在茶水間、洗手間等員工日常能夠注意到的位置，推廣與客戶價值或 NPS 相關的宣傳內容，以及不同類型客戶的 VOC 等，

第四部分　客戶資本三角機制層
　　　　　　——如何保障

同時充分利用企業內部的社群平臺等管道，積極進行體驗文化的宣傳、分享客戶體驗提升的技巧等。面向員工時，企業會舉辦一系列體驗文化宣導教學、教育相關的講座、課程，以提升員工對客戶體驗的理解。

亞馬遜則將「顧客至上」的文化帶入公司的每一個決策過程：傑夫‧貝佐斯在開重要會議時，常會在旁邊放一把空椅子，這把椅子是為「顧客」保留的，以提醒每個高階主管都要在工作中充分為顧客思考。據說在某次會議中，眾人針對「是否要用接下來的3個月時間來運用美國中部的大面積倉儲」進行了激烈的討論，創新派和反對派的討論很是激烈，而傑夫‧貝佐斯自始至終都只是一直在聽；在雙方爭吵了半個小時以後，傑夫‧貝佐斯站起來打斷眾人，他指了指那把空著的椅子，要在場的每個人都上去坐3分鐘，在最後一個人離開椅子後，大家才恍然大悟：如果從顧客的角度來看這件事，該如何做出正確的決策？於是不同立場的人之間最終找到了最合適的統一答案。

除了將客戶視角帶入組織內部，企業也應鼓勵員工往外走，和客戶建立更直接的溝通，培養換位思考的能力，能夠站在顧客的立場考慮問題。例如，北京有一個大華劇院，其創辦人易立明要求與其合作的簽約演員都要遵守一個獨特的規定：每晚演出結束後要留下來與觀眾聊一聊，聽聽回饋，聊聊感受。劇院沒有固定的關門時間，送走最後一名觀眾才

熄燈。就像易立明所期待的 —— 戲劇不是你今天到劇場裡看一個故事，戲劇是從你在家裡決定要來看戲，就已經開始了，而一直到看完戲後跟其他人交流觀後感，它才結束。而這一份對觀眾的感同身受、對每一個細節的洞察與堅持，讓每一位走入大華劇院的人都享受了一場完美的演出。

具體化的事例

能撼動人心的通常不是一個個冰冷的數字，而是一個個具體的故事。以電影為例，電影產業是一個講故事的產業，而名導張藝謀是個中翹楚。在張藝謀近幾年的電影中，如《一秒鐘》、《懸崖之上》、《狙擊手》，張導放下宏大敘事，從大時代裡的一個小角落、一組小群像著手，以小見大，一葉知秋。改變企業文化亦然，這個看似宏大的願景目標，一個個存在企業的日常工作當中、看起來微不足道的小故事，串聯起來才真正是改變人心與信仰的力量。

以多倫多道明銀行為例，道明銀行為了將客戶思維注入銀行企業文化中，獨創了「CWI 指數」（Customer WOW Index），意思是銀行服務要讓客戶感動而發出「WOW」（表示感動的感嘆詞）的聲音；為了確保每一個員工都可以將 CWI 應用在每日的工作中，該銀行以 CWI 指數取代部分業績或利潤等財務指標，考核從 CEO 到第一線的所有員工。

第四部分　客戶資本三角機制層
——如何保障

　　道明銀行鼓勵每一個員工在工作中創造屬於自己的 WOW Story（WOW 故事），也就是讓客戶感動、喜悅的行為，這些故事都會被存放在公司的資料庫內，定期與全體員工分享。道明銀行並沒有把客戶體驗作為硬性規則寫入員工章程中，而是落實到具體化的故事中：為了為客戶即時解決問題，大部分的道明銀行每週 7 個工作日都會營業。在碰上下雨天時，道明銀行會鼓勵員工為沒帶傘的客戶撐傘，送他們到停車場；客戶在辦理業務時都需要填寫表格，而大多數銀行會把筆拴著，非常不利於使用，道明銀行不但不會讓筆拴著，還會提供各種款式給顧客挑選；為了更好地服務客戶，道明銀行為遲到的客人保留 10 分鐘的等候時間，以免客人錯過辦理業務的預約。這些看起來雖然都是微不足道的小事，但 WOW 故事對員工有潛移默化的影響，藉由具體化的分享讓員工產生共鳴，讓員工能夠從下到上滲透對客戶價值的重視，知道不只是他一個人在為客戶努力著。

高層以身作則

　　孫子兵法的「道、天、地、將、法」中，特別把「將」提出來跟「道」、「天」、「地」、「法」並行，就是強調領導者的重要。「將者，智、信、仁、勇、嚴也。」其中的「信」即強調「自信於己，施信於人，取信於民」。領導者的身先士卒與以

第九章　文化滲透能力

身作則一直是企業文化建立最底層也是最核心的邏輯。

2014年京東在美上市後，身價飆升到數十億美元的京東集團創始人兼CEO劉強東，在「618」京東店慶大促期間始終堅持親自披掛上陣，投入到送貨隊伍中。為了更好地在第三、四線城市中進行推廣，小米創始人雷軍曾花四天在河南進行調查研究，了解客戶需求。在4天時間內，雷軍對河南省各市、縣、鄉鎮等各級智慧型手機消費市場做了初步市調。亞馬遜創始人傑夫·貝佐斯每年都會定期去客服中心接受培訓，和基層員工一起工作，以直接獲得客戶的回饋。

高層既是願景的引領者，也是實踐者，高層的「知行合一」是奠定與鞏固企業文化過程中最關鍵也是最難堅持的一環。

回歸企業的原點

我們在開始論述客戶資本三角時，提及客戶使命，即「道、天、地、將、法」中的「道」。我們在本書最後一個章節論述的是企業客戶文化，而「吾『道』一以貫之」，企業文化是企業願景最直接、最實際的展現，猶如硬幣的一體兩面，是企業存在的根本與原點。企業經營會面臨不同的經濟週期，包括科技與競爭的變革、管理與組織的更替、商業模式的調整，然而最終沉澱不變的是企業文化，這也是企業管理

193

第四部分　客戶資本三角機制層
　　　　　——如何保障

者面臨的最困難,但也是最能為企業創造永續價值的環節。

　　相較於其他國家,日本企業一直以「長壽」聞名。日經BP社曾做過統計,全世界擁有100年以上歷史的企業中,日本企業占了接近一半,擁有200年以上歷史的企業中,日本企業占了65%。最後,我們來看看一家日本連鎖零售企業大關超市在存量經濟的大環境下保持其增長動能的祕訣。

　　筆者東京辦公室的日本同事常常討論一家名為大關超市的連鎖超市,言談中顯示出對這家超市的熱愛和忠實。東京擁有大大小小各式各樣的超市,為什麼日本同事只對這家超市情有獨鍾?從筆者一位同事的親身經歷可以瞧出一些端倪:他有一次在大關超市生鮮區留意到有位老奶奶在魚櫃前徘徊良久,滿臉的猶豫不決且不時地喃喃自語。附近的店員察覺到老奶奶可能需要幫忙,便立即上前詢問。老奶奶告知店員,家中只有她和老爺爺兩個人,他們食量不大,但魚櫃上販賣的分量是每盒至少有兩、三條魚,老奶奶擔心買回家後吃不完而導致浪費。但是老爺爺特別愛吃這種魚,老奶奶為此而躊躇頗久。在了解情況後,店員請老奶奶稍作等待,隨即轉身走向後臺作業區,將重新分裝成一條魚包裝的包裝盒遞給老奶奶,並微笑著感謝她的購買。老奶奶當即開心地走向結帳區。在傳統市場這樣做可能是理所當然的一件事,但在高度標準化的連鎖超市中卻實屬不易。在大關超市中,這樣的事例不勝列舉,而日經新聞(Nikkei)也曾在報導中戲稱

第九章　文化滲透能力

大關超市與客戶的關係為「戀愛關係」。

大關超市創立於 1957 年,以生鮮銷售為主,至今已在東京都市圈開設了超過 40 家店面。儘管大關超市店數不是最多、規模不是最大的,但是在競爭激烈的東京都市圈,它的經常利益率長時間一直保持在業界第一,同時還獲得了極高的 NPS 評分以及淨利潤率(見圖 9-1)。如此環境下,大關超市能夠突破重圍保持如此高的經常利益率,其背後的原因值得深思。

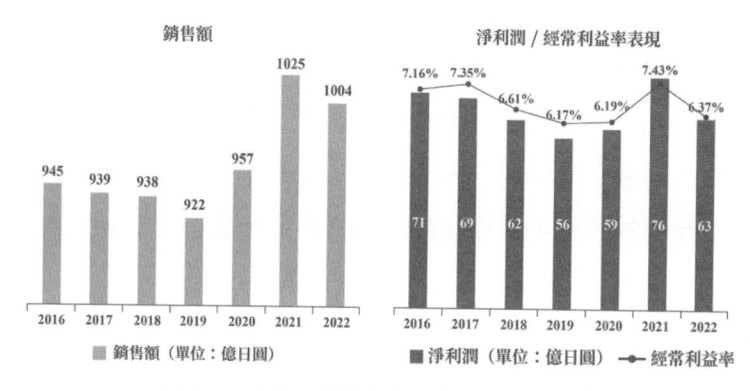

銷售額

2016	2017	2018	2019	2020	2021	2022
945	939	938	922	957	1025	1004

銷售額(單位:億日圓)

淨利潤 / 經常利益率表現

年度	2016	2017	2018	2019	2020	2021	2022
淨利潤	71	69	62	56	59	76	63
經常利益率	7.16%	7.35%	6.61%	6.17%	6.19%	7.43%	6.37%

淨利潤(單位:億日圓)　經常利益率

圖 9-1　大關超市的財務表現(2016—2022)

大關超市的經營理念與社長石原坂壽美江兒時在父親經營的雜貨店中受到的啟發有關:她的父親經營著一家只有 7.5 平方公尺的個人雜貨店,是大關超市的前身。儘管雜貨店規模不大,但每天都會有很多常客光顧,這與父母以「顧客至上」作為經營理念有關。相比每天能夠賺的金額,企業更應看重的是「顧客還能不能再回頭光顧」。

195

第四部分　客戶資本三角機制層
　　　　　——如何保障

　　童年經歷為石原坂壽美江提供了重要的企業經營視角，讓她能深刻地思考企業和顧客之間的關係。為了讓顧客明天還能回來，大關超市要求全體員工面對每一位顧客的需求。與傳統連鎖零售追求企業的標準化與極致效率有所不同，大關超市秉持顧客至上的理念，具體表現在店面設計、採購、待客等各個層面上，其中最特別的就是店鋪營運方針中的「個店主義」：為貼近不同地區的顧客，每家店都依據自身特色設定品項、定價、服務，以準確回應每一位顧客的需求，因此即使同樣都是大關超市，但各家店鋪不只品項和價格有差異，就連店面設計與 Logo 也有很大的差異。儘管大關超市擁有超過 40 家店，但和其他標準化的連鎖超市不同，大關超市可謂「千人千店」。大關超市將賣場許可權全部移交給負責賣場的店長，各店長作為獨立的經營者進行店鋪建設，並由天天接觸顧客、最為了解顧客需求的現場員工進行採購，這樣才更容易打造出完全符合顧客的需求、令顧客買得開心的賣場。久而久之，顧客對這家超市產生了歸屬感，有了「這是自己的店」的感覺，從而提高了回客率。這種現象也曾被媒體廣泛報導，稱大關超市是以客戶價值為中心，打造與客戶間的「戀愛關係」。大關超市官網的公開資料顯示，各賣場一天的來客數約 12 萬人，在東京相當於每 100 人中有 1 人每天到訪賣場，不論是哪家分店，大關超市常把 Logo 中「Supermarket」的「Super」和「Market」分開，目的是為了向

第九章　文化滲透能力

社會表達企業決心：大關超市要做的不是一般的超級市場，而是一個「超級」的「市場」，落實「個店主義」，建立顧客、股東、員工的「幸福循環」。

從大關超市的案例中我們可以看到，因為大關超市的社長擁有強烈的客戶使命感，才能將顧客至上的理念滲透到企業文化中，把管理分店的權力最大化地交給和客戶最為熟悉的店長，真正地站在客戶角度為他們採購所需要的東西。因此，只有當與客戶直接互動的基層具備了從客戶視角思考的意識與能力時，以「客戶為中心」的文化便能夠為企業帶來強大的競爭力。

本書花了大部分的篇幅談論客戶，以及沿著客戶需求，企業應該建立的經營肌理，但核心目的仍是要從客戶身上去建立增長的公式。近年來在中外影片媒體市場上快速擴張的字節跳動，其創辦人張一鳴在 2022 年談及企業經營時曾說：公司市值高是因為有好的利潤，有好的利潤是因為有好的收入，有好的收入對於 To C 的公司來說是客戶滿意度高，有很多客戶的前提是要有好的產品，有好的產品的前提是有好的團隊，有好的團隊其實是由於你的企業文化和制度不斷吸引好的人。縱觀古今，許多偉大的企業策略背後的目的都是樸實的。字節跳動本身就不斷在踐行底層的商業邏輯，創造出不斷增長的正向循環。

第四部分　客戶資本三角機制層
——如何保障

　　增長是企業永恆的議題,面對外部環境的不確定性,企業需要找到的是穿越週期的增長底線,建立增長的路徑,再從過程中實現商業模式的突破,改變增長的曲線。客戶資本三角提供給企業從使命目標制定到企業經營規劃,再到機制文化落實的一個策略與管理模式。這是一個企業在充滿「不確定性」的大環境下,具有「確定性」的增長邏輯,一個能讓企業保持持續增長的商業模式。

附錄一

客戶價值管理 FRIENDS 模型

附錄一
客戶價值管理 FRIENDS 模型

在本書中，我們探討了企業如何透過策略性管理客戶價值，提升客戶忠誠度和企業競爭力。本附錄提供了一套實用的工具——FRIENDS 模型，協助企業進行自身客戶價值管理的評估。

一、FRIENDS 模型

FRIENDS 模型是倍比拓管理諮詢公司提出的客戶價值管理評估工具，該模型包括三個層面與七個角度，旨在幫助企業系統性評估其客戶價值管理水準，並找到客戶價值提升的關鍵點。如附圖 1 所示。

客戶價值管理 FRIENDS 模型

策略契合度
- F. 策略契合度 strategic Fit

體驗管理能力
- E. 體驗度量 Experience measure
- I. 洞察分析 Insight analysis
- R. 業務改進 problem Resolvement

體驗支撐體系
- D. 資料管理 Data management
- S. 組織架構 organization Structure
- N. 文化宣貫 culture Nurture

附圖 1　客戶價值管理 FRIENDS 模型

一、FRIENDS 模型

（一）層面 1：策略契合度（strategic fit）

(1) 企業的策略制定充分整合了客戶視角，確保策略決策能保持對客戶的敏感度。
(2) 客戶價值融入商業模式與企業經營中，創造差異化競爭優勢。

（二）層面 2：體驗管理能力

1. 體驗度量（experience measure）
(1) 有基於客戶視角、端到端全旅程建構的客戶指標體系。
(2) 科學、可拆解的客戶指標，確保客戶指標可以細分和具體化，有效反映關鍵客戶議題。
(3) 完整的客戶價值監測機制，包括行業對標和客戶關鍵場景的追蹤。

2. 洞察分析（insight analysis）
(1) 結合客戶標籤、行為資料進行客戶價值分析。
(2) 各部門能透過客戶資料分析，辨識並分析部門內存在的關鍵客戶問題。
(3) 透過客戶資料分析，公司能辨識須跨部門協同的客戶關鍵問題。
(4) 能深度進行根因分析，定位造成客戶問題的業務議題。

3. 業務改進（problem resolvement）

(1) 能對關鍵客戶問題進行科學評估，合理配置資源。
(2) 能明確客戶問題解決方案的規劃和執行的負責人。
(3) 能為不同客戶族群制定有所針對的客戶問題解決方案。

（三）層面 3：體驗支撐體系

1. 資料管理（data management）

(1) 有視覺化的客戶價值資料管理平臺。
(2) 能有效打通並整合客戶體驗指標和客戶營運指標。

2. 組織架構（organization structure）

(1) 有專責的部門或角色，負責全公司或事業群的客戶價值管理。
(2) 高層領導者（如 CEO、COO、CIO）定期參與客戶價值管理的關鍵工作。
(3) 有明確規範的客戶價值管理流程。
(4) 有明確的考核和激勵機制。

3. 文化宣貫（culture nurture）

(1) 全公司對客戶價值有統一的願景。
(2) 有系統的文化宣導和客戶價值管理培訓。

(3) 全體員工和第一線基層積極、自發地為創造更好的客戶價值付出行動。

二、客戶體驗管理成熟度的四個階段

針對上述三個層面的七個評估面向，每個核心面向下均設有對應的關鍵因子，透過評估企業現狀與關鍵因子描述的符合程度（1～5分），並將七個核心面向的得分加總，可以得到客戶體驗管理成熟度總分（7～35分）：根據計算所得的客戶價值分數，可以將企業劃分為起步期、發展期、完善期、卓越期四個階段（見附圖2）。具體如下：

(1) 起步期（得分在7～14）：處於客戶價值管理的初步建設過程。

(2) 發展期（得分在14～21）：具備部分客戶價值管理的行為，但未形成整體體系化的能力。

(3) 完善期（得分在21～28）：客戶價值管理能力建設較完善，在組織、文化等支撐體系方面也具備一定能力。

(4) 卓越期（得分在28～35）：具備成熟的客戶價值管理體系，各方面表現優異，並能透過客戶價值管理在市場競爭中獲得卓越的地位。

附錄一
客戶價值管理 FRIENDS 模型

成熟度計算方法

七個核心面向得分（1～5分）加總，得到成熟度總分（7～35分）

客戶價值管理 FRIENDS 模型

- F. 策略契合度 strategic fit
- R. 業務改進 problem-resolvement
- I. 洞察分析 insight analysis
- D. 資料管理 data management
- S. 組織架構 organization structure
- E. 體驗度量 experience measure
- N. 文化宣貫 culture nurture

策略契合度｜體驗管理能力｜體驗支撐體系

注：各核心面向得分為對應關鍵因子得分的平均值

客戶體驗管理成熟度階段劃分

階段 1. 起步期
成熟度得分 7～14（不含 14），處於客戶價值管理能力的初步建設過程中，在七個核心面向中得分均較低。

階段 2. 發展期
成熟度得分 14～21（不含 21），目前多在體驗度量等客戶價值管理相關層面具備部分能力，但在其他面向表現較弱

階段 3. 完善期
成熟度得分 21～28（不含 28），客戶價值管理能力建設較完善，在組織、文化等支撐體系的建設方面也具備一定能力

階段 4. 卓越期
成熟度得分 28～35，具備成熟的客戶價值管理體系，各面向表現優異，並能透過客戶價值管理在市場競爭中獲得卓越的地位

1. 起步期（得分 7～14）
2. 發展期（得分 14～21）
3. 完善期（得分 21～28）
4. 卓越期（得分 28～35）

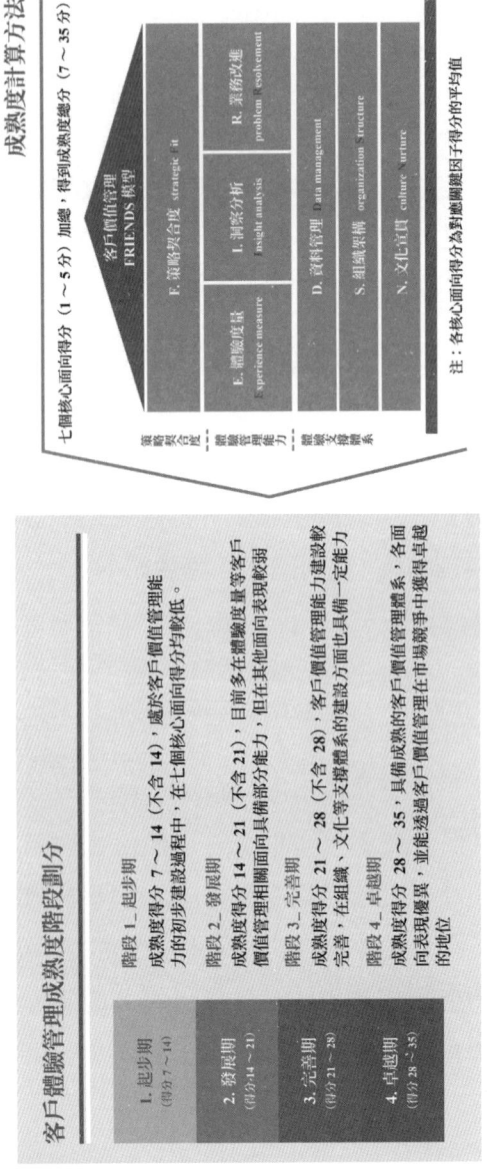

附圖 2　客戶體驗管理成熟度四階段

根據 2022 年倍比拓管理諮詢公司對中國 200 多家企業的調查研究，得出了中國整體產業現狀：基於 FRIENDS 模型的評估結果，處於起步期的企業占中國國內市場的 19.8%，處於發展期的企業占 42.2%，處於完善期的企業占 29.1%，而處於卓越期的企業僅僅占據市場的 8.9%。中國企業客戶體驗管理成熟度階段分布情況可參見圖 8-1。

值得注意的是，目前中國國內企業成熟度整體偏低，約六成從業者所在的企業仍處於客戶體驗管理的起步階段和發展階段，各企業初步具備一定的客戶價值管理能力，但在客戶價值支撐體系的建設與策略契合度的實踐上較為薄弱。

三、總結

客戶價值是企業穿越不確定性市場週期的信心；在從「以企業為中心」轉向「以客戶為中心」的過程中，FRIENDS 模型能夠協助企業系統性地辨識並評估目前企業客戶價值管理的現狀與階段：企業需要基於對目標客群的洞察，並結合自身的資源能力優勢，建立屬於自己的客戶資本三角策略模式，以在激烈的市場競爭中立於不敗之地。

◁ 附錄一
▶
◁ 客戶價值管理 FRIENDS 模型

附錄二

客戶價值與增長理論全覽圖

附錄二
客戶價值與增長理論全覽圖

演變 1：客戶定位成為企業策略制定的核心一環（1990 年前）

人物	代表書籍	時間	理論
彼得・杜拉克（Peter Drucker）	《彼得・杜拉克的管理聖經》（*The Practice of Management*，1954）	1954 年	「顧客是企業的基礎」（Customer is the foundation of a business）：強調企業成功的核心在於滿足顧客的需求和期望。
菲力浦・科特勒（Philip Kotler）	《行銷管理》（*Marketing Management*，1967）	1967 年	顧客導向理論（Customer Orientation Theory）：企業應當以顧客需求為中心，設計和改進產品和服務。
傑狄士・謝斯（Jagdish Sheth）	《顧客行為：管理視角》（*Customer Behavior: A Managerial Perspective*，1969）	1969 年	消費者決策理論（Theories on Consumer Decision Making）：研究消費者在購買決策過程中的行為模式。
大前研一（Kenichi Ohmae）	《策略家的智慧》（*The Mind of the Strategist*，1982）	1982 年	3C 模型（3C Model）：強調企業、顧客和競爭對手三個核心要素的平衡與分析。
喬治・戴伊（George S. Day）	《市場驅動策略》（*Market Driven Strategy*，1990）	1990 年	外部導向策略（Outside-In Strategy）：強調從市場和顧客需求出發制定企業策略。

演變 2：設計思維成為企業經營的成功要素（1985 — 2015 年）

人物	代表書籍	時間	理論
斯圖爾特・卡德、湯瑪斯・P・莫蘭、艾倫・紐厄爾（Stuart K. Card、Thomas P. Moran、Allen Newell）	《人機互動心理學》（*The Psychology of Human-Computer Interaction*，1983）	1983 年	人機互動（Human-Computer Interaction，HCI）：研究人類與電腦系統之間的對話模式和設計方法。
唐納德・諾曼（Donald Norman）	《以使用者為中心的系統設計：人機互動的新視角》（*User Centered System Design: New Perspectives on Human-Computer Interaction*，1986）	1986 年	以使用者為中心的設計（User Centered Design，UCD）：設計過程中始終考慮使用者需求和使用體驗。
唐納德・諾曼	《設計心理學》（*The Design of Everyday Things*，1988）	1988 年	使用者體驗設計（User Experience Design，UX Design）：專注於提升使用者在使用產品或服務時的整體體驗。

附錄二
客戶價值與增長理論全覽圖

人物	代表書籍	時間	理論
道格拉斯・舒勒、阿基・納米奧卡（Douglas Schuler、Aki Namioka）	《參與式設計：原則與實踐》（*Participatory Design: Principles and Practices*，1993）	1993 年	參與式設計（Participatory Design）：設計過程中讓最終使用者參與，共同創造解決方案。
雅各布・尼爾森（Jakob Nielsen）	《易用性工程》（*Usability Engineering*，1993）	1993 年	易用性測試（Usability Testing）：透過測試評估產品或服務的易用性，以改進設計。
阿蘭・庫珀、羅伯特・萊曼、大衛・克羅寧（Alan Cooper、Robert Reimann、David Cronin）	《About Face：互動設計精髓》（*About Face: The Essentials of Interaction Design*，1995）	1995 年	使用者中心設計（UCD）：強調設計師應以使用者需求為核心來設計介面，著作基於使用者介面設計給出基本的原則和技術，包括圖形化使用者介面（GUI）設計、視覺設計、互動設計和資訊架構。
休伊・貝葉爾、凱倫・霍茲布拉特（Hugh Beyer、Karen Holtzblatt）	《情境設計：定義以顧客為中心的系統》（*Contextual Design: Defining Customer-Centered Systems*，1997）	1997 年	情境設計（Contextual Design）：透過對使用者行為的觀察和分析，設計符合實際情境的產品。

人物	代表書籍	時間	理論
邁克·庫尼亞夫斯基（Mike Kuniavsky）	《觀察用戶體驗：使用者研究的實踐指南》（*Observing the User Experience: A Practitioner's Guide to User Research*，2003）	2003 年	使用者研究（User Research）：透過系統化的方法研究使用者需求和行為，為設計提供依據。
阿蘭·庫珀、羅伯特·萊曼	《About Face 2.0：互動設計精髓》（*About Face 2.0: The Essentials of Interaction Design*，2003）	2003 年	互動設計（Interaction Principles）：引入了「目標導向設計」的概念，即設計要以滿足使用者目標為導向，深化了對使用者中心設計的理解，強調了設計過程中的使用者研究和使用者測試的重要性，著作擴展了對互動設計的討論，介紹了更多關於使用者行為和心理的知識。

附錄二
客戶價值與增長理論全覽圖

人物	代表書籍	時間	理論
普拉哈、文卡特‧拉馬斯瓦米（C. K. Prahalad、Venkat Ramaswamy）	《競爭的未來：與顧客共同創造獨特價值》（The Future of Competition: Co-Creating Unique Value with Customers，2004）	2004 年	顧客共創（Customer Co-Creation）：強調與顧客共同創造產品和服務，提高顧客滿意度和參與感。
埃里克‧馮‧希貝爾（Eric von Hippel）	《創新的民主化》（Democratizing Innovation，2005）	2005 年	使用者驅動創新（User-Centered Innovation）：強調使用者在產品開發中的重要作用，透過使用者回饋和參與推動創新。
阿蘭‧庫珀、羅伯特‧萊曼、大衛‧克羅寧	《About Face 3.0：互動設計精髓》（About Face 3.0: The Essentials of Interaction Design，2007）	2007 年	設計模式（Design Patterns）：強調了科技的進步和使用者介面設計領域的變化，著作提供了更全面的設計指導，更新和擴展了互動設計的原則和實踐，包括對行動設備和 Web 應用的設計原則，增加了關於情境感知和多平臺設計的討論。

人物	代表書籍	時間	理論
馬爾克·史蒂克多恩、雅各·施耐德（Marc Stickdorn、Jakob Schneider）	《這就是服務設計思考！》（This is Service Design Thinking，2010）	2010 年	服務設計（Service Design）：透過設計和協調服務的各個環節，提高整體服務體驗。
亞歷山大·奧斯特瓦德、伊夫·皮尼厄、艾倫·史密斯（Alexander Osterwalder、Yves Pigneur、Alan Smith）	《價值主張設計：如何創造顧客想要的產品和服務》（Value Proposition Design: How to Create Products and Services Customers Want，2014）	2014 年	價值主張（Value Proposition）：提出和傳達產品或服務對顧客的獨特價值。
阿蘭·庫珀、羅伯特·萊曼、大衛·克羅寧、克里斯多福·諾塞爾（Christopher Noessel）	《About Face 4.0：互動設計精髓》（About Face 4.0: The Essentials of Interaction Design，2014）	2014 年	無縫體驗（Seamless Experience）：強調了使用者體驗在不同平臺和設備上的一致性，適應行動和多設備環境的需求，全面更新的互動設計指南，反映了行動和多平臺時代的變化。

附錄二
客戶價值與增長理論全覽圖

演變 3：顧客忠誠度與生命週期價值理論的建立（1995 — 2005 年）

人物	代表書籍	時間	理論
佛瑞德・賴海赫德（Frederick F. Reichheld）	《顧客忠誠度》（*The Loyalty Effect*，1996）	1996 年	顧客關係管理（Customer Relationship Management，CRM）：客戶忠誠度對企業長期盈利能力的影響，提出了忠誠度管理的重要性。
保羅・貝加、娜達・納斯爾（Paul D. Berger、Nada I. Nasr）	《市場行銷中的顧客生命週期價值：定義、計算和應用》（*Customer Lifetime Value: Marketing Models and Applications*，1998）	1998 年	顧客生命週期價值（Customer Lifetime Value，CLV）：進一步發展顧客生命週期價值的理論和應用。
約瑟夫・派恩（Joseph Pine）	《體驗經濟：工作是戲，顧客是角》（*The Experience Economy: Work Is Theatre & Every Business a Stage*，1999）	1999 年	個性化體驗（Personalized Experience）：根據顧客個人需求訂製產品和服務，提供獨特體驗。

人物	代表書籍	時間	理論
羅伯特·蕭、梅林·史東（Robert Shaw、Merlin Stone）	《顧客關係管理：策略與實施》（*Customer Relationship Management: Strategy and Implementation*，2000）	2000 年	顧客生命週期價值（Customer Lifetime Value，CLV）：預測和衡量一個顧客在整個生命週期內為企業帶來的淨利潤。
羅蘭·T. 拉斯特（Roland T. Rust）	《顧客資本管理》（*Customer Equity Management*，2004）	2004 年	顧客資本管理（Customer Equity Management）：強調透過品牌資本、價值資本和關係資本的管理，來提升顧客群體的終身價值。
羅伯特·卡普蘭、大衛·諾頓（Robert S. Kaplan、David P. Norton）	《策略地圖：把無形資產轉化為有形成果》（*Strategy Maps: Converting Intangible Assets into Tangible Outcomes*，2004）	2004 年	顧客價值管理（Customer Value Management，CVM）：強調透過識別和管理影響顧客價值的關鍵因素，以及平衡計分卡和策略地圖的方法，來為企業創造長期價值。
唐納德·萊曼、大衛·賴斯汀（Donald R. Lehmann、David J. Reibstein）	《分析顧客生命週期價值》（*Analysis for Marketing Planning*，2006）	2006 年	顧客生命週期價值（Customer Lifetime Value，CLV）：進一步研究和應用顧客生命週期價值的概念。

附錄二
客戶價值與增長理論全覽圖

演變 4：行為經濟學的發展與運用（2000 年後）

人物	代表書籍	時間	理論
詹·卡爾森（Jan Carlzon）	《關鍵時刻》（*Moments of Truth*，1987）	1987 年	關鍵時刻（Moment of Truth，MOT）：重視顧客在與企業互動的每一個接觸點上形成的印象。
理查·塞勒（Richard Thaler）	《助推：改善決策的行為科學》（*Nudge: Improving Decisions About Health, Wealth, and Happiness*，2008）	2008 年	2017 年諾貝爾經濟學獎得主，主要理論為行為經濟學（Behavioral Economics）：研究心理因素如何影響人們的行為決策。
丹尼爾·康納曼（Daniel Kahneman）	《快思慢想》（*Thinking, Fast and Slow*，2011）	2011 年	2002 年諾貝爾經濟學得主，主要理論為峰終定律（Peak-End Rule）：人們傾向於根據體驗中的高峰和結束時的感受來記憶整體體驗。
奇普·希思、丹·希思（Chip Heath、Dan Heath）	《關鍵時刻：創造人生 1% 的完美瞬間，取代 99% 的平淡時刻》（*The Power of Moments*，2017）	2017 年	客戶體驗的重要時刻：「時刻」對於提升客戶體驗的重要意義，三個重要的時刻：最開心的時刻、最難過的時刻和結束時刻。

演變5：體驗經濟與全旅程策略的興起（2000年後）

人物	代表書籍	時間	理論
約瑟夫·派恩、詹姆斯·吉爾摩（B. Joseph Pine II、James H. Gilmore）	《體驗經濟時代》（The Experience Economy，1999）	1999年	體驗經濟（The Experience Economy）：強調透過創造難忘的體驗來增加產品和服務的價值。
伯德·施密特（Bernd H. Schmitt）	《客戶體驗管理：從策略到實施》（Customer Experience Management: A Revolutionary Approach to Connecting with Your Customers，2003）	2003年	顧客體驗管理（Customer Experience Management，CEM）：系統化地管理和最佳化顧客在各接觸點的體驗。
佛瑞德·賴海赫德	《終極問題》（The Ultimate Question，2003）	2003年	淨推薦值（Net Promoter Score，NPS）：透過測量顧客的推薦意願來評估企業的顧客忠誠度。
科林·蕭 & 約翰·伊文斯（Colin Shaw、John Ivens）	《客戶體驗管理：從策略到實施》	2003年	客戶旅程地圖（Customer Journey Mapping）：透過繪製顧客與企業互動的各個接觸點，辨識改善機會。

217

附錄二
客戶價值與增長理論全覽圖

人物	代表書籍	時間	理論
科林·蕭 & 約翰·伊文斯	《情感經濟：如何以客戶為中心來提升顧客體驗》（*Emotionomics: Leveraging Emotions for Business Success*，2008）	2008 年	情感驅動的顧客體驗（Emotion-Driven Customer Experience）：強調情感在顧客體驗和滿意度中的關鍵作用。
佛瑞德·賴海赫德	《終極問題 2.0》（*The Ultimate Question 2.0*，2011）	2011 年	淨推薦值新理論：一種測量客戶忠誠度的指標，透過測量顧客的推薦意願來評估企業的顧客忠誠度，並以此為基礎加以改進和擴展。
凱瑞·波迪尼、哈利·曼寧（Kerry Bodine、Harley Manning）	《由外而內：企業以客戶為中心的力量》（*Outside In: The Power of Putting Customers at the Center of Your business*，2012）	2012 年	客戶體驗生態系統：客戶體驗管理的六大原則：策略、客戶理解、設計、測量、管理和企業文化。

人物	代表書籍	時間	理論
彼得・法德 (Peter Fader)	《顧客基礎未來：用顧客終身價值創造新型企業模式》(*Customer Centricity: Focus on the Right Customers for Strategic Advantage*，2012)	2012 年	收益成長（Earned Growth）：透過顧客的推薦和忠誠度來驅動企業的成長。
弗雷斯特研究公司（Forrester Research）	\	\	顧客體驗指數（Customer Experience Index，CX Index）：透過測量顧客在各接觸點的體驗來評估企業表現。
大衛・埃德爾曼、馬克・辛格（David C. Edelman、Marc Singer）	哈佛商業評論（*Harvard Business Review*，2015 年 11 月）	2015 年	在客戶旅程（Competing on customer Journey）上競爭：強調企業應基於整個客戶旅程而不是單個接觸點進行競爭，強調在所有管道提供無縫、集中的體驗的必要性。

附錄二
客戶價值與增長理論全覽圖

人物	代表書籍	時間	理論
拉爾斯・富特文格勒、傑夫・毛、凱文・奎林、雷瑪・波達（Lars Furtwaengler、Jeff Mau、Kevin Quiring、Reema Poddar）	哈佛商業評論（*Harvard Business Review*，2020年6月）	2020年	客戶體驗（CX）轉型 [Customer Experience (CX) Transformation]：討論企業如何透過關注同理心和深入理解客戶旅程來轉變客戶體驗，強調技術的整合和個性化服務，以提高客戶滿意度。
佛瑞德・賴海赫德	《贏得好評：以客戶為中心的無敵策略》（*Winning on Purpose: The Unbeatable Strategy of Loving Customers*，2021）	2021年	收益成長率（Earned Growth Rate，EGR）：主要由兩個部分組成，淨收入留存率（NRR）和贏得新客戶（ENC），透過顧客的推薦和忠誠度來驅動企業的收益成長。

後記　為什麼會有這本書

　　過去 10 年，我寫過大量關於數位化浪潮下策略與市場行銷融合的書，包括代表作增長策略系列（《增長五線》、《增長結構》），以及《數位時代的行銷策略》、《品牌雙螺旋》、《市場策略》等等。我一直有一個大計畫：以新一代諮詢顧問、新一代商學院課程教授的視角，對過去諮詢公司或商學院分析工具進行大升級，而這本《客戶資本》，很明顯把子彈瞄準的是「客戶策略」這個 CEO 級別的疆域。我和鍾思騏先生想做的，是想將「以客戶為中心」這個策略議題進行升級與深化，形成真正適合企業的應用框架，否則這個議題就會變成「語言腐敗」──無數公司的管理層在談及它，又不知道如何接近它。

　　我一直認為我在諮詢圈是一個少有的跨界人，和各大頂級諮詢公司都有橫向合作，有容乃大，師無常師。這本書更多融入的是鍾思騏先生近 20 年的客戶策略諮詢經驗。鍾先生是我諮詢圈中的好友，他從芝加哥大學畢業後便在羅蘭貝格策略諮詢公司工作，後在中國建立倍比拓諮詢業務，是行業內最頂尖的客戶策略諮詢專家，所以與他聯手合作是我的榮幸。而在 20 年前，我就讀於武漢大學學習經濟學和市場行銷

後記　為什麼會有這本書

之時，我的老師、中國大學市場學研究會會長汪濤教授，就曾重度介入「客戶資產」這個議題，對「以顧客資產為核心的企業策略」發表過一系列重磅文章，至今仍印在我腦海。我無比尊崇汪濤教授，感謝他 20 年前為我埋下的這顆種子。

這本書的特點是系統和簡潔，並直指真問題。最近，蔡崇信接受挪威主權財富基金 CEO 尼古拉·坦根（Nicolai Tangen）的專訪。在訪談中，蔡崇信首次提及在過去幾年的多重競爭中，阿里落後了，因為阿里在壓力與競爭中，已然忘記了真正的客戶是誰，他們理應是使用淘寶進行購物的客戶，而阿里並沒能給客戶最好的體驗。而本書中提到的客戶資本，就是站在公司整體角度來看待客戶價值。客戶資本三角由四個模組構成：在客戶資本三角的核心，企業需要明確客戶使命與客戶目標，作為客戶價值的「北極星」指標與企業行為的圭臬；沿著客戶「北極星」指標，企業需要進一步回答「如何實現」、「如何升級」以及「如何保障」三個關鍵問題。我們遵循市場策略的大前輩——華頓商學院教授喬治·戴伊（George S. Day）所提出的「從外到內策略」（Outside-in Strategy），將「客戶」作為連接外部與內部策略的轉化點，把增長的核心放在不斷發展、保持客戶關係上，並上升到客戶忠誠以鎖定其終身價值，實現企業目標的兌現。而三角，具備一種結構美學。

再次感謝好朋友、中國最頂級的出版人、山頂視角的創

始人王留全先生擔綱本書的策劃。數位時代的碎片化內容對講究深度閱讀的圖書市場造成了極大的衝擊，著書者和出書者都變成了理想主義的一對，沒有留全先生的鼓勵與鞭策，我很多作品可能不會付諸筆端，更談不上面世，在此再次特別感謝他。我們都是希望對這個領域有所貢獻的人。

　　最後祝讀者們閱讀愉快，並可知行合一。願他山之石，助您攻玉。

王賽

國家圖書館出版品預行編目資料

客戶資本：以兩岸專家觀點看中國企業以客戶為中心的增長策略 / 鍾思騏, 王賽 著. -- 第一版. -- 臺北市 : 山頂視角文化事業有限公司, 2025.01
面；   公分
ISBN 978-626-99407-0-7(平裝)
1.CST: 企業經營 2.CST: 顧客關係管理 3.CST: 中國
496.7   113020595

電子書購買

爽讀 APP

客戶資本：以兩岸專家觀點看中國企業以客戶為中心的增長策略

臉書

作　　者：鍾思騏，王賽
發 行 人：黃振庭
出 版 者：山頂視角文化事業有限公司
發 行 者：山頂視角文化事業有限公司
E - m a i l：sonbookservice@gmail.com
粉 絲 頁：https://www.facebook.com/sonbookss
網　　址：https://sonbook.net/
地　　址：台北市中正區重慶南路一段 61 號 8 樓
8F., No.61, Sec. 1, Chongqing S. Rd., Zhongzheng Dist., Taipei City 100, Taiwan
電　　話：(02) 2370-3310　　傳真：(02) 2388-1990
印　　刷：京峯數位服務有限公司
律師顧問：廣華律師事務所 張珮琦律師

定　　價：320 元
發行日期：2025 年 01 月第一版